Jan Götzen

**Templateffekte bei der Strukturierung organischer Halbleiterfilme**

Jan Götzen

# Templateffekte bei der Strukturierung organischer Halbleiterfilme

## Substrate vermitteltes Wachstum von Pentacen und Pentacenderivaten

Südwestdeutscher Verlag für Hochschulschriften

**Impressum/Imprint (nur für Deutschland/only for Germany)**
Bibliografische Information der Deutschen Nationalbibliothek: Die Deutsche Nationalbibliothek verzeichnet diese Publikation in der Deutschen Nationalbibliografie; detaillierte bibliografische Daten sind im Internet über http://dnb.d-nb.de abrufbar.
Alle in diesem Buch genannten Marken und Produktnamen unterliegen warenzeichen-, marken- oder patentrechtlichem Schutz bzw. sind Warenzeichen oder eingetragene Warenzeichen der jeweiligen Inhaber. Die Wiedergabe von Marken, Produktnamen, Gebrauchsnamen, Handelsnamen, Warenbezeichnungen u.s.w. in diesem Werk berechtigt auch ohne besondere Kennzeichnung nicht zu der Annahme, dass solche Namen im Sinne der Warenzeichen- und Markenschutzgesetzgebung als frei zu betrachten wären und daher von jedermann benutzt werden dürften.

Coverbild: www.ingimage.com

Verlag: Südwestdeutscher Verlag für Hochschulschriften GmbH & Co. KG
Heinrich-Böcking-Str. 6-8, 66121 Saarbrücken, Deutschland
Telefon +49 681 37 20 271-1, Telefax +49 681 37 20 271-0
Email: info@svh-verlag.de

Zugl.: Marburg, Philipps-Universität, Diss., 2010

Herstellung in Deutschland (siehe letzte Seite)
**ISBN: 978-3-8381-3436-9**

**Imprint (only for USA, GB)**
Bibliographic information published by the Deutsche Nationalbibliothek: The Deutsche Nationalbibliothek lists this publication in the Deutsche Nationalbibliografie; detailed bibliographic data are available in the Internet at http://dnb.d-nb.de.
Any brand names and product names mentioned in this book are subject to trademark, brand or patent protection and are trademarks or registered trademarks of their respective holders. The use of brand names, product names, common names, trade names, product descriptions etc. even without a particular marking in this works is in no way to be construed to mean that such names may be regarded as unrestricted in respect of trademark and brand protection legislation and could thus be used by anyone.

Cover image: www.ingimage.com

Publisher: Südwestdeutscher Verlag für Hochschulschriften GmbH & Co. KG
Heinrich-Böcking-Str. 6-8, 66121 Saarbrücken, Germany
Phone +49 681 37 20 271-1, Fax +49 681 37 20 271-0
Email: info@svh-verlag.de

Printed in the U.S.A.
Printed in the U.K. by (see last page)
**ISBN: 978-3-8381-3436-9**

Copyright © 2012 by the author and Südwestdeutscher Verlag für Hochschulschriften GmbH & Co. KG and licensors
All rights reserved. Saarbrücken 2012

Vom Fachbereich Physik der Philipps-Universität Marburg als
Dissertation angenommen im August 2010.

                    Erstgutachter: Prof. Dr. Gregor Witte
                Zweitgutachter: Prof. Dr. Peter Jakob
Tag der mündlichen Prüfung: 17. 9. 2010

Holzhacken ist deshalb so beliebt, weil man bei dieser Tätigkeit den Erfolg sofort sieht.

Albert Einstein

# Inhaltsverzeichnis

| | | | |
|---|---|---|---|
| Inhaltsverzeichnis | | | I |
| **1. Einleitung** | | | 1 |
| 1.1 | Organische Elektronik | | 1 |
| | 1.1.1 | Dioden, Photovoltaik und Transistoren auf organischer Basis | 3 |
| | 1.1.2 | Organische und anorganische Halbleiter | 6 |
| 1.2 | Wachstum von organischen Molekülkristallfilmen | | 9 |
| 1.3 | Ziel der Arbeit | | 14 |
| **2. Experimentelles** | | | 17 |
| 2.1 | Mikroskopie Methoden | | 17 |
| | 2.1.1 | Rastertunnelmikroskopie (STM) | 18 |
| | 2.1.2 | Rasterkraftmikroskopie (AFM) | 24 |
| 2.2 | Beugungsmethoden | | 29 |
| | 2.2.1 | Beugung niederenergetischer Elektronen (LEED) | 29 |
| | 2.2.2 | Röntgendiffraktometrie (XRD) | 31 |
| 2.3 | Spektroskopie Methoden | | 33 |
| | 2.3.1 | Thermodesorptionsspektroskopie (TDS) | 33 |
| | 2.3.2 | Nahkanten Röntgenabsorptionsspektroskopie (NEXAFS) | 34 |
| | 2.3.3 | Röntgen- und UV-Photoelektronenspektroskopie (XPS und UPS) | 36 |
| 2.4 | Apparaturen | | 36 |
| 2.5 | Moleküle | | 38 |
| 2.6 | Substrate und Oberflächen | | 39 |
| **3. Ergebnisse zum Wachstum organischer Filme auf Metallen** | | | 43 |
| 3.1 | Pentacen auf Cu(221) | | 43 |
| | 3.1.1 | Struktur der ersten Monolage | 45 |
| | 3.1.2 | Morphologie der Multilagenfilme | 52 |
| 3.2 | Pentacen-Tetron auf Cu(221) | | 53 |
| 3.3 | Diskussion zum Wachstum von PEN und PEN-Tetron auf Cu(221) | | 56 |
| 3.4 | Perfluoropentacen auf Ag(111) | | 61 |
| | 3.4.1 | Thermodynamische Stabilität | 62 |
| | 3.4.2 | Struktur von Mono- und Bilage | 65 |

3.4.3 Morphologie der Multilagenfilme . . . . . . . . . . . . . . . . . 69
3.5 Diskussion zum Wachstum von PF-PEN auf Ag(111) . . . . . . . . . 71

**4. Ergebnisse zum Wachstum organischer Filme auf TiO$_2$(110)** . . . 75
4.1 O$_2$-Verarmung von Metalloxidoberflächen: Präparation und Recycling 76
4.2 Charakterisierung der Metalloxidoberflächen . . . . . . . . . . . . . 77
    4.2.1 TiO$_2$(110) . . . . . . . . . . . . . . . . . . . . . . . . . . . . . 77
    4.2.2 ZnO(0001)-Zn, ZnO(000$\bar{1}$)-O und ZnO(10$\bar{1}$0) . . . . . . . . . 84
4.3 Multilagenwachstum von PEN, PF-PEN und PEN-Tetron auf Metalloxiden . . . . . . . . . . . . . . . . . . . . . . . . . . . . . . . . . . . 90
4.4 Diskussion zum Wachstum auf der TiO$_2$(110) Oberfläche . . . . . . 95

**5. Ergebnisse zum Wachstum organischer Filme auf Graphit** . . . . 99
5.1 Wachstum und Struktur von Pentacenfilmen auf Graphit . . . . . . 100
    5.1.1 Thermodynamische Stabilität . . . . . . . . . . . . . . . . . . 100
    5.1.2 Struktur der ersten Monolage . . . . . . . . . . . . . . . . . . 101
    5.1.3 Morphologie der Multilagen . . . . . . . . . . . . . . . . . . . 105
    5.1.4 Kristallstrukturanalyse mittels Röntgenbeugung . . . . . . . 107
    5.1.5 NEXAFS . . . . . . . . . . . . . . . . . . . . . . . . . . . . . 109
    5.1.6 Multilagencharakterisierung mittels STM . . . . . . . . . . . 113
    5.1.7 Disskusion zum Wachstum von PEN auf HOPG . . . . . . . 115
    5.1.8 Zusammenfassung: PEN auf HOPG . . . . . . . . . . . . . . 120
5.2 Morphologie von Multilagenfilmen PF-PEN und PEN-Tetron auf Graphit 123
    5.2.1 PF-PEN auf HOPG . . . . . . . . . . . . . . . . . . . . . . . 123
    5.2.2 PEN-Tetron auf HOPG . . . . . . . . . . . . . . . . . . . . . 126
5.3 Diskussion zum Wachstum von PF-PEN und PEN-Tetron auf Graphit 127

**6. Zusammenfassung** . . . . . . . . . . . . . . . . . . . . . . . . . . . . . 129
6.1 Ausblick . . . . . . . . . . . . . . . . . . . . . . . . . . . . . . . . . 133
6.2 Abstract . . . . . . . . . . . . . . . . . . . . . . . . . . . . . . . . . 135

**Literaturverzeichnis** . . . . . . . . . . . . . . . . . . . . . . . . . . . . . 152

**Abbildungsverzeichnis** . . . . . . . . . . . . . . . . . . . . . . . . . . . 153

**Curriculum Vitae** . . . . . . . . . . . . . . . . . . . . . . . . . . . . . . 155

**Danksagung** . . . . . . . . . . . . . . . . . . . . . . . . . . . . . . . . . 157

# Kapitel 1

# Einleitung

## 1.1 Organische Elektronik

Dass organische Molekülschichten durch Anlegen einer Spannung zur Elektrolumineszenz angeregt werden können, wurde bereits in den 1950er Jahren von Bernanose *et al.* [1, 2] berichtet. Bis Anfang der 1960er Jahre Mark *et al.* [3] Ladungsträgerinjektionen und Transport in Form von Löchern mittels Leitfähigkeitsmessungen an Anthracen Moleküleinkristallen nachwiesen und Pope *et al.* [4] sowie Helfrich *et al.* [5] deren Elektroluminszenz genauer anschauten, geriet dieser Befund allerdings in Vergessenheit. In den darauf folgenden Jahrzehnten blieb die weitere Erforschung des Phänomens als Randerscheinung von rein akademischen Interesse, da auf Grund der zur Elektroluminiszenz benötigten sehr hohen Spannungen von einigen 100 bis 1000 Volt an eine technologische Anwendung von den mechanisch empfindlichen organischen Halbleitereinkristallen nicht zu denken war. Mit den ersten Veröffentlichungen auf dem Gebiet der selbstleitenden Polymere Ende der 1970er Jahre von Shirakawa *et al.* und Chiang *et al.* [6–8] - wofür *A. J. Heeger, A. G. MacDiarmid* und *H. Shirakawa* im Jahr 2000 mit dem Nobelpreis in Chemie für *„Die Entdeckung und Entwicklung von leitenden Polymeren"* ausgezeichnet wurden - kamen dann auch Makromoleküle für das Anwendungsgebiet der organischen Elektronik in Betracht. Der endgültige wissenschaftliche Durchbruch gelang dann aber erst 1987 mit der Demonstration der ersten organische Leuchtdiode - *engl. Organic Light Emitting Diode (OLED)* - von *Tang* und *Van Slyke* [9]. Die Diode bestand aus einer etwa 40 nm dicken amorphen organischen Lochtransportschicht und einer etwa 60 nm dicken organischen Elektronentransportschicht und war bereits durch das Anlegen von wenigen Volt in der Lage, Licht im grünen Spektralbereich zu emittieren. Den Durchbruch für die polymeren Halbleiter gab es dann vier Jahre später, als Burroughes *et al.* 1990 [10] nachwiesen, dass das $\pi$-konjugierte Polymer Poly(p-phenylen vinylen) (PPV) zum Emitieren von Licht in der Lage ist und sich damit für den Einsatz in organischen Leuchtdioden eignet. Im darauffolgenden Jahr konnte diese Euphorie dann von Braun und Heeger mit dem Nachweis der Elektrolumniszenz einer aus Polymerlösung hergestellten Diode noch gesteigert werden [11].

**Abb. 1.1:**
Anwendungsbeispiele für organische Elektronik: Von der ersten *OLED* im Serienautoradio (siehe oben links) und dem ersten Full-color Fernseher bis hin zu zukunftsträchtige Applikationen wie flexiblen Photovoltaikanlagen und Low-cost Elektronik als Verpackungsaufdruck in Form von Transponder-Chips. In der roten Umrandung in der Mitte befinden sich Beispiele von Lösungen farbiger Polymerhalbleiter, die die umliegenden Applikationen ermöglichen sollen [12–20].

Die damit geborene Vision von organischer Elektronik beflügelte in den darauf folgenden Jahren das weltweite Forschungsinteresse zahlreicher Arbeitsgruppen an organischen Halbleitern nachhaltig und gilt daher als Ausgangspunkt für die *Community* [21–28]. Spätestens mit der Vergabe des Nobelpreises für Chemie im Jahr 2000 rückten elektrisch halbleitende und lichtemitierende Materialien auf Basis von Kohlenwasserstoffen dann zunehmend auch in den Fokus der Anwendung als aktive Materialien für elektronische und photonische Bauelemente. Bereits im Jahre 1998 kam mit dem Display eines Autoradios auf Basis organischer Leuchtdioden (Pioneer) das erste technologische Serienprodukt auf den Markt. Vergleicht man den Entwicklungsprozess von den ersten systematischen Studien (ab etwa Ende der 80er Jahre) bis zum ersten Serienprodukt mit dem der anorganischen Halbleiter, so ist bei den organischen Halbleitern von einem substanziell verkürzten Innovationszyklus zu sprechen.

## 1.1.1 Dioden, Photovoltaik und Transistoren auf organischer Basis

In dem bis Dato von klassischen anorganischen Materialien dominierten Feld der Halbleitertechnologie waren organische Materialien mit wenigen Ausnahmen nur über ihre Eigenschaft der elektrischen Isolation in Erscheinung getreten. Aus diesem Schattendasein treten sie seither zunehmend heraus und sind auf dem Weg, neue Anwendungsgebiete zu erschließen und neue Produktklassen zu ermöglichen, die sich in die drei wesentliche Kategorien der organischen Leuchtdioden *(OLEDs)*, der organischen Photovoltaikzellen - *engl. organic photovoltaic (OPV)* - und der organischen Feldeffekttransistoren - *engl. organic fieldeffect transistor (OFETs)* - einteilen lassen [27, 29, 30]. Auf Grund der vergleichsweise geringen Ladungsträgerbeweglichkeiten in organischen Halbleitern ist aber nicht davon auszugehen, dass eine der nächsten Computerchipgenerationen aus Plastik besteht. Sie sind daher nicht in Konkurrenz zur klassischen Silizium- basierenden Halbleitertechnologie zu sehen, sondern als Schlüssel zu neuartigen Bauteilformen.

So eröffnen *OLEDs* dem Displaymarkt durch die Möglichkeit der kostengünstigen Niedertemperaturprozessierung auf flexiblen Substraten anstelle von Hochtemperaturbeständigen starren Substraten, ein breitgefächertes Produktspektrum. Nach dem gleichen Prinzip wie herkömmlichen LEDs, werden in OLEDs Elektronen, unter Wirkung eines elektrischen Feldes aus z.B. einer Mg/Al-Kathode in einen organischen Halbleiter injiziert, während auf der anderen Seite Löcher aus einer transparenten Anode (wie z.B. Indium-Zinn-Oxid *engl. indium-tin-oxide (ITO)* 80% Transparenz im sichtbaren Spektralbereich) ebenfalls in die organischen Schicht injiziert werden. (vgl. 1.2 a) Im Halbleiter bilden sich aus den gegensätzlichen Ladungsträgern Paare in Form von Frenkel-Excitonen, deren Rekombination zur Elektroluminszenz führt [31, 32]. Die Richtung der Auskopplung des Lichtes - nur etwa 20% werden in die relevante Richtung gestrahlt - kann dabei über eine gezielte Strukturierungen der Schichten beeinflusst werden. In mehrschichtigen Dioden wird die Ausbeute auch unter Verwendung von Materialien unterschiedlicher Brechungsindizes erhöht [33] .

Die mögliche Anwendungsbandbreite erstreckt sich von einfachen Applikationen wie mit Animation bedruckte Verpackungen, über flexible, großflächig homogene, Beleuchtungsquellen, bis hin zu vollständig flexiblen hochauflösenden Displays, mit denen sich ganze Wände tapezieren lassen [12, 35]. Ein großer Vorteil dabei ist, dass sich unter Verwendung unterschiedlicher organischer Moleküle das gesamte Farbspektrum mit selbstemitierende Lichtquellen abdecken lässt [36]. Dabei werden, im Gegensatz zu herkömmlichen Flüssigkristallbildschirmen - *engl. Liquid Crystal Displays (LCD)* - keine Hintergrundbeleuchtung und kein Farbfilter mehr benötigt. Die durchschnittliche Dicke eines Bildschirms kann daher momentan schon von ca. 3-4 mm auf ca. 1,5 mm gesenkt werden. Wobei das Eigentliche OLED Display eine Dicke von nur wenigen Mikrometern aufweist und der Rest nur von Trägermaterial und Verpackung

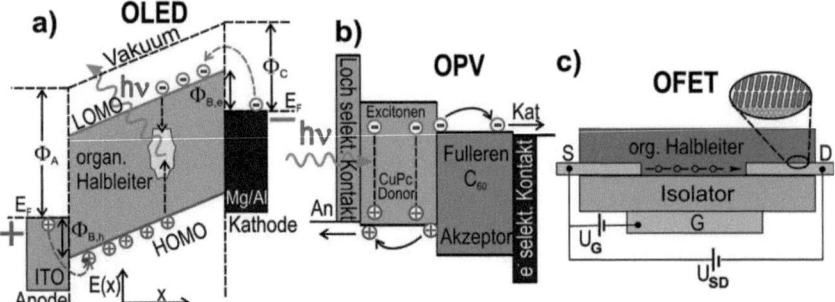

**Abb. 1.2:**
Abbildung a) zeigt die Funktionsweise einer Einschicht-OLED in Vorwärtsrichtung. Aus der ITO-Anode werden Löcher in den organischen Halbleiter injiziert, die mit den Elektronen aus der Mg/Al-Kathode rekombinieren in einen angeregten Zustand, der wiederum unter Emission von Licht zerfällt. $\Phi_A$ und $\Phi_C$ sind die Austrittsarbeit der Metallanoden und $\Phi_{B,h}$ und $\Phi_{B,e}$ die Aktivierungsbarrieren für die Injektion von Elektronen und Löcher [32]. In Teilbild b) ist die Inversion der Elektrolumineszenz dargestellt. Licht wird über eine transparente *ITO*-Anode in eine Donorschicht eingekoppelt, generiert Excitonen, die die Schicht weiter durchwandern und schließlich an der Grenzfläche zur Akzeptorschicht in ihre Einzelteile dissoziieren [34]. Abbildung c) zeigt die schematische Darstellung eines „bottom-gate" Feldeffektransistors [27].

bestimmt wird. Dies ist vor allem für den ständig wachsenden Markt mobiler Elektronik von großer Bedeutung.

Bei den organische Photovoltaikzellen macht man sich die Inversion des oben beschriebenen Effektes der Elektrolumineszenz zu Nutze. Komplementär zur Elektrolumineszenz werden beim photovoltaischen Effekt durch Absorption von Sonnenlicht innerhalb organischen Donorschicht, (z.B. aus Kupferphthalocyaninen CuPc) Moleküle angeregt, die daraufhin *Frenkel*-Excitonen generieren (siehe Abb. 1.2 b). Um nun elektrische Leistung nach außen abgeben zu können, muss eine Ladungstrennung des Elektronen-Loch-Paares stattfinden. Dieser Prozess muss auf einer Zeitskala von etwa $\leq 100$ fs stattfinden, da Konkurrenzprozesse, wie die strahlende Rekombination die Effizienz sonst herabsetzten. Die höchste Effizienz wird heutzutage mit Heteroschichtsystemen Donor- und Akzeptormolekülen erreicht. Im Vergleich zu dem in b) dargestellten Zweischichtsystem, wird dabei, die für die Ladungsseperation wichtige Grenzfläche um ein Vielfaches erhöht. Das innere elektrische Feld der Grenzfläche sorgt dafür, dass die stark gebundenen Excitonen aus der Donorschicht in das LUMO der aus Fullerenen ($C_{60}$-Molekülen) bestehenden Akzeptorschicht wandern und dabei getrennt werden. Nach der Dissoziation existieren Radikalkationen $(CuPc)^{+\bullet}$ und Radikalanionen $(C_{60})^{-\bullet}$, deren Ladungen zu den entsprechenden Elektroden wandern

## 1.1. Organische Elektronik

[32]. Der Wirkungsgrad dieser Solarzellen konnte im Laufe der Jahre ständig gesteigert werden und reicht von 1% in der ersten Solarzelle in 1985 von Tang [37], über 2,5% von Shaheen *et. al* [38] in 2001 zu 5% Effizienz mittels Polymer-Fulleren Composit Solarzellen in 2008 [39]. Trotzdem ist man, was den Wirkungsgrad betrifft, auch heute noch weit davon entfernt, mit auf Silizium basierenden Solarzellen in Konkurenz treten zu können. Die Möglichkeit flexible, transparente, großflächige Substrate zu verwenden (vgl. auch Illustration in Abb. 1.1) und nicht zuletzt die wesentlichen geringeren Produktionskosten, könnten diesen Nachteil aber ausgleichen und machen die organischen Solarzellen zu einem extrem zukunftsträchtigen Markt. So gehen die Vorstellungen von mobiler Stromversorgung von Elektrogeräten bis hin zu netzunabhängigen Gebäuden, deren gesamte Glasfassade mit transparenter Photovoltaic beklebt wird [19].

Das dritte große zukunftsträchtige Anwendungsebiet für organische Elektronik sind die organischen Feldeffekttransistoren (OFETs) [27, 40–42]. Die grundlegende Funktionsweise ist mit der in herkömmlichen Dünnfilm-Transistoren gleich. Es fließt ein Strom von der Quelle - *engl. Source* - zur Senke - *engl. Drain* - , dessen Stärke sich über eine am Steuerelektrode - *engl. Gate* - angelegte Spannung regeln lässt (vgl. Abb. 1.2 c). Die Tatsache, dass aber auf Grund des Oxidationsverhaltens organischer Moleküle kaum n-leitende Materialien zur Verfügung stehen, wirkt sich auf die Funktion und Konstruktion der FETs aus. Diese bestehen klassischerweise aus zwei n-dotierten Bereichen (*Source* und *Drain*-Elektrode) und einer p-dotierten Schicht, in der durch Anlegen einer Spannung ein n-Kanal erzeugt wird. Im Gegensatz zu den stromgesteuerten bipolaren Transistoren (z. B. pnp-Transistoren) sind FETs spannungsgesteuerte Schaltungselemente, die im Unterschied bei niedrigen Frequenzen eine praktisch leistungslosen Ansteuerung erlauben und auf Grund dieses großen Vorteils an deren Stelle zum Einsatz kommen. Diese „schnellen" in Ladungsträger-Inversion betriebenen Transistoren müssen daher bei den OFETs durch die wesentlich langsamere, in Ladungs-Akkumulation betriebene Transistoren ersetzt werden. Dabei werden Majoritätsladungsträger durch das von der *Gate*-Spannung $U_G$ erzeugte Feld an die Halbleiter-Isolator-Grenzschicht gezogen (Feldeffekt). Die so angereicherten Ladungsträger können durch die *Source-Drain*-Spannung $U_{SD}$ entlang der Halbleiter-Isolator-Grenzschicht bewegt werden [32]. Eine aktuell wichtige Fragestellung bei den momentan verwendeten Hybridtransistoren aus organischen Halbleitern und Metallelektroden ist auch das elektronische Verhalten an der in Abb. 1.2 c) angedeuteten Grenzfläche. So gibt es auch Überlegungen, gezielte chemische Modifizierungen mittels Selbstorganisierenden Monolagen - *engl. self assembled monolayers (SAMs)* - vorzunehmen, um an einer definierten Grenzfläche eine Anpassungen des Ferminiveaus der Elektrode (Metall) bezüglich des Zielmolekülorbitals z.b. höchste besetzte Molekülorbital - *engl. highest occupied molecular orbital (HOMO)* - zu erreichen, und damit eine möglichst kleine Injektionsbarriere zu erhalten [43, 44]. Dabei wird durch das Herabsetzen der Austrittsarbeit - mittels des SAMs - das Vakuumlevel bezüglich des Ferminiveaus angepasst.

Als Zukunftsvision sollen Plastik-Chips mit FETs, aufgebaut aus vollständig organischen Halbleitern und Isolatoren, die Basiselemente einer *low cost - low performance* Polymerelektronik sein. Angedacht sind dabei Anwendungen, bei denen nur geringe Speicherdichten oder kurzzeitige Einsätze erforderlich sind [45]. So ist ihre kommerzielle Nutzung in elektronischen Wasserzeichen, Transpondern, Barcodes, flexiblen smart cards, integrierten Steuerungen für Sensoren und Aktoren zur Einmalnutzung (Medizintechnik), oder auch für die Ansteuerung organischer Aktivmatrix-Displays vorstellbar. Das durch Aufbringen in Druckverfahren erreichbare Preisniveau macht die auf organischen Halbleitern basierende Elektronik konkurrenzfähig gegenüber denen mit wesentlich aufwändigeren Methoden prozessierbaren herkömmlichen anorganischen Halbleitern [29, 46]. Idealerweise ist dafür eine Bedruckung - ähnlich dem Verfahren des Tintenstrahldrucks - der flexiblen Substrate direkt aus einer Lösung der Halbleiter als Weiterentwicklung angedacht. Dabei werden dann zwar keine kristallinen Schichten erreicht, sondern polymere Filme organischer Halbleiter erzeugt, deren Ladungsträgerbeweglichkeiten aber bereits für den Einsatz beispielsweise in Funketiketten als Ersatz für den Barcode auf Verpackungen (vgl. Abb. 1.1) ausreichend ist [47, 48].

## 1.1.2 Organische und anorganische Halbleiter

Obwohl die Ingenieure mit der technologischen Entwicklung der aufgeführten Produkte und Anwedungen auf vielen Ebenen schon weit fortgeschritten sind, fehlt bei den organischen Halbleitern, im Vergleich zu den anorganischen Pendants an vielen Stellen noch das fundamentale physikalische Verständnis. Dabei bereitet die enorme Bandbreite an spezifischer Leitfähigkeit, die sich mittels geringer Variation der Einzelmoleküle der organischen Festkörper einstellen lässt sowie die hinzukommende Formanisotropie der Moleküle und die daraus resultierende Anisotropie des Ladungstransportes, der Wissenschaft große Schwierigkeiten grundlegende Konzepte zu verfassen [32, 49]. Im Folgende sollen daher die wesentlichen Aspekte und Unterschiede zum Verständnis der Ladungstransportmechanismen von anorganische und organischen Halbleitern dargestellt werden.

Im einkristallinen anorganischen Halbleiter kommt es auf Grund der langreichweitigen Wechselwirkung über mehrere Atomabstände zu einer Aufweitung der im isolierten Atom vorliegenden diskreten Energieniveaus $S_0$ - $S_n$ (ähnlich der in Abb. 1.3 a für das isolierte Molekül gezeigten). Diese entarteten Zustände möglicher Energiewerte - das Valenz- VB und das Leitungsband LB - sind anders als im metallischen Leiter, durch eine Bandlücke $E_G$, getrennt. Geht man nun zum absoluten Nullpunkt der Temperaturskala ist das VB vollständig mit Elektronen besetzt und das LB leer, ein Halbleiter verhält sich dort wie ein Isolator. Mit steigender Temperatur erhöht sich die Leitfähigkeit materialspezifisch in Abhängigkeit von $E_G$ (kann mittels Dotierung gezielt eingestellt werden). Für die Beschreibung der für den Ladungstransport not-

## 1.1. Organische Elektronik

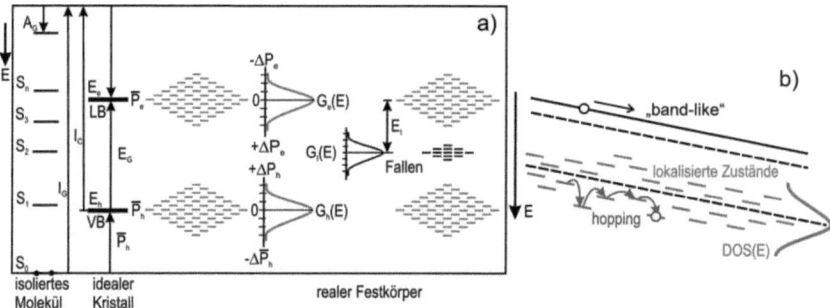

**Abb. 1.3:** Teilbild a) zeigt das Energiediagramm für einen organischen Halbleiter mit den Energieniveaus eines neutralen isolierten Moleküls mit dem Grundzustand $S_0$, den angeregten Singulett-Zuständen $S_1$ - $S_n$ und der molekularen Ionisationsenergie $I_G$. Das nebenstehende Bändermodell für die ionisierten Zustände im fiktiven idealen Kristall zeigt die Energieniveaus der Defektelektronen $E_h$ und Elektronen $E_e$ auf ihren entsprechenden Transportniveaus (Valenz- bzw. Leitungsband) neben den mittleren Polarisationsenergie $\overline{P}_h$ und $\overline{P}_e$. $E_G$ kennzeichnet die Bandlücke $I_C$ die Ionisationsenergie des Kristalls und $A_C$ seine Elektronenaffinität. Im realen Festkörper wird hingegen eine statistischen Verteilung der Polarisationsenergien (Gaussverteilung) gefunden. Weiterhin sind die Niveaus der Fallenzustände in der Energielücke im realen Festkörper abgebildet. In b) ist ein Modell für den Hüpftransport in einem ungeordneten organischen Halbleiter schematisch abgebildet. Die energetische Verteilung der lokalisierten Zustände wird dabei als eine Gauß'sche Verteilungsfunktion G(E) mit einer breite $\sigma$ angenommen. Der thermisch aktivierte Hüpfprozess findet entlang des elektrischen Feldes $F$ zu benachbarten Zuständen höherer oder niedriger Energie statt [32].

wendigen unterschiedlichen Anregungen ist nun eine Betrachtung der Bandstruktur im Impulsraum notwendig.

Im Gegensatz zu den anorganischen Halbleitern sind hochreine organische Molekülkristalle, die nur aus einer Sorte von Molekülen mit konjugierten $\pi$-Elektronensystemen bestehen, auch bei Raumtemperatur oder darunter keine intrinsischen Halbleiter. Eine Leitfähigkeit wird nur über das Anlegen einer hohen äußeren Spannung oder mittels des inneren Photoeffekts erzielt. Mit Defekten versehene, dotierte und verunreinigte Kristalle zeigen hingegen ein Verhalten ähnlich dem der anorganischen Halbleiter. Die Störstellen können einerseits thermisch ionisiert und über die dabei frei gesetzten mobilen Ladungsträger den Transport begünstigen. Auf der anderen Seite können sie aber auch als Fallen (vgl. Abb. 1.3 a) wirken. Die Leitfähigkeit wird dann vermindert, da aus den Ionen dieser gestörten Molekülzustände keine thermische Aktivierung mehr möglich ist. Insgesamt ist ein inverser Verlauf der Leitfähigkeit in Abhängigkeit von der Temperatur zu beobachten. Im perfekten Molekülkristall (vgl. Abb. 1.3 a) steigt die Leitfähigkeit mit abnehmender Temperatur (300 - 30 K) an, wohingegen sie im realen ungeordneten Festkörper, wozu sowohl niedermolekulare ungeordnete Schichten als auch Polymere gehören, abnimmt. Die Erklärung dafür ist, dass Ladungsträger mit dem Impuls $\hbar k$ im perfekten Kristall an Phononen gestreut werden. Die Phononendichte und damit die Streuwahrscheinlichkeit nimmt mit fallender Temperatur ab und deshalb ihre Beweglichkeit zu. Dieser sogenannte *band-like*-Transport ist aber im realen Kristall nicht die Regel. Es ist zu bemerken, dass in extrem sauberen und hoch geordneten realen Kristallen auch eine Art Bandleitfähigkeit beschrieben wird. Nach dem Modell von *Bässler et al.*, in dem mit Hilfe der *Monte-Carlo*-Methode eine Modell-Probe mit 70×70×70 Stellen in einem idealisierten Experiment simuliert wurde, befinden sich die Ladungsträger in Form einer Gaußverteilung auf lokalisierten Zuständen und müssen zu ihrem Transport thermisch angeregt werden (vgl. Abb. 1.3 b) [31, 32, 50]. Ein Sprung von einem energetisch höher gelegenen lokalen Zustand zu einem niedriger gelegenen ist dabei immer möglich, während der umgekehrte Fall mittels eines *Boltzmann*-Wahrscheinlichkeitsfaktors $\exp(-\Delta\epsilon/kt)$ gewichtet wird. Über mehrere Simulationsdurchgänge konnte damit die Diffusionzeit der Ladungsträger in Abhängikeit von Temperatur und angelegtem Feld bestimmt werden. Als Ergebnis konnte gezeigt werden, dass der als Hüpftransport - *engl. hopping* - bezeichnete Transportprozess thermisch begünstigt ist. Es ist zu bemerken, dass es sich nicht um ein Alleinstellungsmerkmal der organischen Halbleiter handelt, sondern diese Art von Transport auch in ungeordneten anorganischen Halbleitern beschrieben wird [51]. Es lässt sich zusammenfassen, dass keine scharfe Grenze zwischen Band- und Hüpfleitfähigkeit gezogen werden kann. Anhand von physikalisch einsichtigen Kriterien lassen sich aber Tendenzen in die eine oder andere Richtung bezüglich des vorliegenden Transportmechanismus angeben. Kann einem Ladungträger auf Grund einer zu kurzen mittleren Streuzeit $\tau$ im Vergleich zu $\hbar/W$ (W = Bandbreite) kein diskreter Wert $k$ des Wellenvektors zugeordnet werden, so kann man nicht von einer Bandleitfähigkeit sprechen. Ebenso ist eine große mittleren freie Weglänge $\lambda$ im Vergleich zur Gitterkonstanten $a_0$ notwendig, um die Leitfähigkeit im Rahmen eines Bändermodells erklären zu können. Der Hüpftransport im ungeordneten organischen Halbleiter wird durch das von *Bässler* postulierte, auf wenigen Grundlagen basierende Modell, in einer sehr gut begründeten, plausiblen, einfachen Art und Weise beschrieben [50, 52]. Weiterentwicklungen des Modells die sich auf theoretischer Basis mit den Transportmechanismen in organischen Halbleitern beschäftigen finden sich unter anderem in neueren Arbeit von Hannewald *et al.* [53–58].

## 1.2 Wachstum von organischen Molekülkristallfilmen

Wie im vorhergehenden Abschnitt beschrieben können sich Ladungsträger in sehr reinen Einkristallen (Verunreinigungskonzentrationen im Silizium $< 1 \times 10^{-9}$) frei im Gitter bewegen. Ihre Wechselwirkung mit dem Kristallgitter drückt sich dabei allein durch ihre effektive Masse aus. In schlecht geordneten, nicht periodischen Kristallen und Polymeren müssen die Ladungsträger dagegen komplizierte durch die räumliche Anordnung vorgegebene Wege zurücklegen [59, 60]. Die Defektelektronen können sich nur entlang der Polymerketten bzw. von Molekül zu Molekül bewegen - hoppingtransport - (siehe Abschnitt 1.1.2). Eine hohe Ordnung der Polymere bzw. Kristalinität der Oligomere ist daher von großer Bedeutung für die Effizienz der Transporteigenschaften. In Abb. 1.4 a sind die Ladungsträgerbeweglichkeiten $\mu$ in $[cm^2/Vs]$ der organischen Halbleiterklassen in Relation zu denen des klassischen anorganischen - Halbleiters - Silizium gesetzt. Die höchsten Ladungsträgerbeweglichkeiten werden dabei wie zu erwarten in den einkristallinen Zuständen der Materialien gemessen. Im Vergleich zu ihren anorganischen Pendants liegen aber auch die besten bekannten organischen Halbleiter - Pentacen und Rubren - immer noch mehr als drei 10er Potenzen darunter und damit im Bereich der amorphen bis polykristallinen Form des Siliziums. Neben den erwähnten Unterschieden bezüglich der Tranportmechanismen (siehe Kapitel 1.1.2) hängt dies auch in hohem Maße mit der Tatsache zusammen, dass sich beispielsweise Pentacen auch mit erheblichem Aufwand nur mit einer maximalen Reinheit von 99.9% darstellen lässt. Den offensichtlichen Nachteil können aber auch die ebenfalls im Schema dargestellten polymeren Halbleiter, deren Ladungsträgerbeweglichkeiten sich sogar nochmals zwei 10er Potenzen darunter bewegen, aber auf Grund der bereits in Abschnitt 1.1.1 beschriebenen ökonomischen Aspekte - gerade was die Prozessierbarkeit und Verfügbarkeit angeht - mehr als ausgleichen. Aus polymeren Halbleitern lassen sich kostengünstig in Druckverfahren oder mittels *Spincoating*, funktionelle Schichten erstellen, wodurch man nicht auf die aus der Halbleitertechnologie bekannten, kostenintensiven Epitaxie-, Diffusions- und Abscheidungsprozesse angewiesen ist. Die schlechter löslichen Oligomere werden dagegen hauptsächlich mittels thermischer Verdampfung in dünne geordnete hochkristalline Filme überführt, wodurch wiederum vergleichsweise höhere Ladungsträgerbeweglichkeiten zur Verfügung stehen [61]. Gegenüber den klassischen Halbleitern zeichnet die kleinen Moleküle der bereits in Abschnitt 1.1.1 erwähnte Vorteil der Niedertemperaturprozessierbarkeit und der sich daraus ergebenden erweiterten verwendbaren Substratpalette aus.

Als besonders geeignete Oligomere haben sich die Polyacene, wie Pentacen (PEN: $C_{22}H_{14}$) sowie das mit Phenylflügeln versehene Derivat des Tetracens, dass Rubren ($C_{42}H_{28}$), in doppeltem Sinne herauskristallisiert. Auf Grund ihrer hervorragenden elektronischen Eigenschaften, wie der kleinsten Bandlücke $E_G$ bei organischen Materialien überhaupt, (vgl. schematische Darstellung in Abb. 1.4 b $E_{G(PEN)} = 2{,}1$ eV) sowie den höchsten Ladungsträgerbeweglichkeiten $\mu \approx 10[cm^2/Vs]$ (Rubren auf Grund der erzielbaren sehr hohen Ordnung im Realkristall mit den Höchsten Ladungsträgerbeweglichkeiten vor Pentacen) sind sie als Modellmoleküle zunehmend in den Fokus der Wissenschaft geraten [62]. Dabei ist Pentacen, auf Grund der höheren mechanischen Stabilität der Kristalle gegenüber Rubren, der am meisten untersuchte oligomere organische Halbleiter. Es ist zu bemerken, dass aus der Formanisotropie der Moleküle eine große Richtungsabhängigkeit der Ladungsträgerbeweglichkeiten im Molekülkristall resultiert. Dabei lassen sich beispielsweise deutliche Unterschiede in den Transporteigenschaften, von Kristallfilmen von parallel zum Substrat zu senkrecht zum Substrat ausgerichteten Molekülen feststellen.

Für die Entwicklung von stabil funktionierenden elektronischen Bauteilen - *engl. devices* - beschäftigen sich so neben grundlagenforschungsorientierten auch anwendungsorientierte Forschergruppen weltweit mit der Morphologie und dem Grad der Kristallinität von Pentacendünnfilmen [63, 64]. Das Bestreben ist dabei die Güte der Filme zu kontrollieren und damit der direkten Korrelation zwischen Bauteileigenschaften und Qualität der Filme Rechnung zu tragen. Neben der grundsätzlich hohen Ordnung ist man aber auf Grund der Formanisotropie der Moleküle und der erwähnten, einhergehenden Anisotropie des Ladungstransportes im Kristall [65], auch in hohem Maße an einer Ausrichtung der Molekülkristalle bezüglich des Substrates interessiert. Forschungsarbeiten mit Modellmolekülen wie Pentacen sollen aber auch dazu dienen, dem organischen Synthesechemiker Erkenntnisse über Verhaltensmuster von Molekülklassen zu liefern, die dieser beim Design neuer anwendungsrelevanter Moleküle berücksichtigen kann [66, 67].

Aus diesem Zusammenhang ergibt sich ein großes Interesse, das Wachstum organischer Halbleiter von der Mikrostruktur an der Grenzfläche, bis hin zu anwendungsrelevanten Schichtdicken in Filmen mit Volumenkristallstruktur fundamental zu verstehen und Strategien zu Entwickeln es kontrollieren zu können [69–71]. Da bereits hinlänglich bekannt ist, dass das anfängliche Wachstum vieler organischer Moleküle in hohem Maße von der Molekül-Substrat-Wechselwirkung abhängt, ist das substratinduzierte Wachstum ein vielversprechender Ansatz, Epitaxie zu erhalten. Auf Grund des generell großen *mismatch* zwischen der Struktur der Moleküle und den anorganischen Substraten ergibt sich nun zunächst die Fragestellung ob die erste Monolage eine epitaktische Beziehung bezüglich des Substrates aufweist. Beobachtet wurde dies beispielsweise PTCDA auf Ag(111) [72], für para-sexiphenyl auf Mica(001) [73, 74] und GaAs(100) [75] sowie für Thiophen auf KCl(100) [76]. Man unterscheidet dabei zwischen Punkt in Punkt - *engl. point-on-point (POP)* - Epitaxie, wobei jeder Punkt des Überstrukturgitters gleichzeitig auf zwei primitiven Substratgitterlinien liegt und mit den äquivalenten Symmetriepunkten übereinstimmt und der Punkt in Linie - *engl. point-on-line (POL)* - Epitaxie, bei der bestimmte Linien des Überstrukturgitters mit nur einem Satz der primitiven Substratlinien übereinstimmen [77]. In einem Beispiel

## 1.2. Wachstum von organischen Molekülkristallfilmen

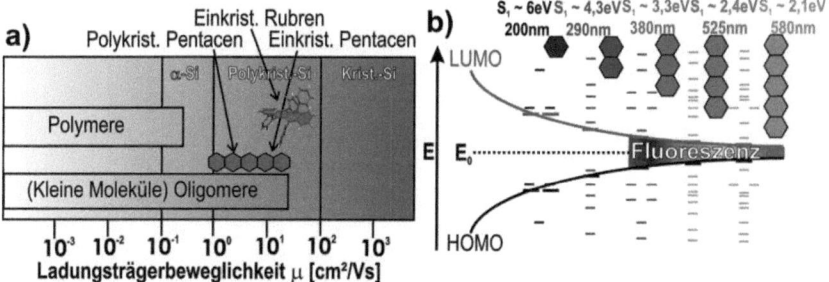

**Abb. 1.4:**
In Teilbild (a) sind die Ladungträgerbeweglichkeiten der organischer Halbleiter im Vergleich zum anorganischen Halbleiter Silizium dargestellt. [41] Abbildung (b) zeigt eine schematische Darstellung der Entwicklung der Molekülorbital(MO)-Energien mit steigender Anzahl an aromatische Ringen des $\pi$-Systems. Die Abbildung zeigt die Entwicklung der Lage der MOs entlang der Homologen Reihe: Bezol (6 $\pi$-Elektronen), Naphtalin (10 $\pi$-Elektronen), Anthracen (14 $\pi$-Elektronen), Tetracen (18 $\pi$-Elektronen) und Pentacen (22 $\pi$-Elektronen). Des Weiteren sind jeweils die Energien für den ersten angeregten Singulettzustand, der in erster Näherung gleich dem *HOMO-LUMO*-Abstand und damit der Absorption und Fluoreszenz entspricht, angegeben. [68]

für *POL* Epitaxie wäre eine Überstruktur in deren Beschreibung sowohl Top- als auch *Hollow*-Positionen verwendet werden.

Bei dem Prototypmolekül Pentacen ist dies in den letzten 10-15 Jahren intensiv mit einer Vielzahl von unterschiedlichen Charakterisierungstechniken auf Substraten unterschiedlicher physikalischer Eigenschaften und azimutaler Orientierungen geschehen. Dabei gibt es gerade für das Wachstum auf metallischen Substraten, auf Grund der Anwendungsnähe zu den Bauteilen - Elektroden der *Devices* sind meist noch aus metallischen Leitern - eine Vielzahl von Arbeiten, von denen hier nur einige exemplarische genannt werden sollen. So wurde die Struktur der ersten Monolage Pentacen beispielsweise auf Au(111) [78–80], Au(100) [81], Ag(111) [82, 83], Ag(110) [84–86] und diversen Cu-Oberflächen wie Cu(111) [87], Cu(110) [88–92], Cu(119) [93–96] und rekonstruiertem Cu(110)-(2×1)O [97] mit dem Ergebnis einer epitaktischen Beziehung von flach liegenden Molekülen, ausführlich beschrieben. Studien auf inerten Substraten [98], wie SiO$_2$ [99–102], Si [103] , Bi(0001)/Si [104], KCl [105] und Polymeren [106, 107] ergaben hingegen aufrecht stehende Adsorptionsgeometrien, bei denen lediglich auf den Alkalihalogeniden und auf Bi(0001)/Si eine epitaktische Relation zum Substrat festgestellt werden konnte [104]. Arbeiten, in denen das weiterführende Wachstum der Volumenkristallstruktur von PEN-Filmen charakterisiert wurde, kommen zu dem Ergebnis, dass eine Fortsetzung dieser anfänglichen epitaktischen Relation der PEN-Moleküle sowohl auf den Metallen als auch auf den inerten

Substraten in den meisten Fällen nicht beobachtet wird [40, 80, 108, 109]. So wurde beispielsweise in einer Wachstumsstudie von Söhnchen *et al.* [110] auf Cu(110) gezeigt, dass nach anfänglicher Epitaxie von flach liegenden Molekülen der ersten Monolage mit zunehmender Schichtdicke ein Verkippen der Moleküle hin zu einer aufrechten stehenden Phase stattfindet. Grund dafür ist die, im Vergleich zur Molekül-Molekül-Wechselwirkung, starke chemische Ankopplung der 1ML zum Substrat, die verhindert, dass eine epitaktische Relation an darauf folgenden Lagen (nur bis zu einer Schichtdicke von maximal 2 nm möglich) vermittelt werden kann. Sucht man nun nach einem Grund für nicht vorhandene Epitaxie in „dicken"-PEN-Filmen, wie beispielsweise auf dem nahezu inerten $SiO_2$, so ist das zweite wichtige Kriterium, für Templateffekte beim Wachstum anzuführen: Ein periodisches Vielfaches der atomaren Abstände des Substratgitters muss sich mit der Molekülgeometrie in Einklang bringen lassen. Bildlich lässt sich dies mit einem Einrasten der Moleküle in einer entsprechend passenden Korrugation der Oberfläche beschreiben. Die Wichtigkeit des Vorhandenseins dieser Passform konnte beispielsweise von Käfer *et al.* [80] gezeigt werden, in dem das Wachstum auf sauberem Au(111) mit dem auf polykristallinem Au mit dem Ergebnis verglichen wurde, dass trotz gleicher chemischer Umgebung unterschiedliche Wachstumsphasen erhalten werden. Im Rahmen dieser Arbeit konnte dies dann auch am Vergleich des Wachstums auf geordnetem Graphit zu gesputtertem Graphit gezeigt werden [111].

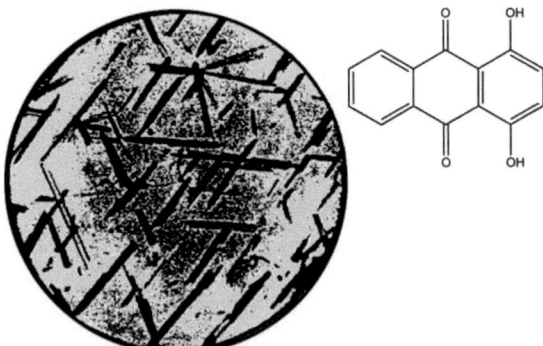

**Abb. 1.5:** 1,4 Dioxyanthrachinon auf Ag(111)/Mica von A. Neuhaus [112].

Als drittes wichtiges Wachstumskriterium ist die Abscheidungstemperatur des Substrates zu nennen, die die kinetische Energie und damit die Oberflächenmobilität der Moleküle maßgeblich beeinflusst [113, 114]. Auf Metallen konnte dabei ein direkter Zusammenhang zwischen Langreichweitigkeit der Ordnung der ersten Benetzungslage - *engl. wetting layer* - und kinetischer Energie gezeigt werden. In einer Arbeit von Casalis *et al.* wurde dies an PEN-Filmen auf Au(111), die unter lokaler Kontrol-

## 1.2. Wachstum von organischen Molekülkristallfilmen

le der kinetischen Energie mittels eines gerichteten Ultraschallmolekularstrahls bei tiefen Temperaturen ($\approx$ 200 K) aufgedampft wurden untersucht [115]. Als weiterer Templateffekt ist das stufenkanteninduzierte Wachstum zu nennen. Das seit langem bekannte Phänomen wurde auch schon in älteren Publikationen, wie beispielsweise von A. Neuhaus (1951) und J. Willlems (1967) diskutiert (vgl. Abb. 1.5). So konnte bereits Anfang der 1950er Jahre gezeigt werden, dass sich 1,4-Dihydroxyanthraquinone auf Ag(111)/mica [112] und in den 1960er Jahren Polyethylen auf NaCl (001) und KCl (001) [116] langreichweitig in kristallinen Nadeln (über einige $\mu m$) ausrichten lassen. Auch beim stufenkanteninduzierten Wachstum ist die temperaturabhängigkeit nochmals zu erwähnen. So zeigten Kankate et al. [74] einen deutliche Zusammenhang zwischen Größe und Form der Kristallite in Abhängigkeit von der verwendeten Substrattemperatur beim Aufwachsen von para-n-Phenylenen p-6P auf mica. Gerade für dieses Molekül konnte dann auch in Zahlreichen Publikation auf unterschiedlichen Substraten wie beispielsweise KCl(001) [76, 117], Glimmer(001) - engl. mica - [73, 118, 119], Ag(110) [120], TiO$_2$ (110) [121–124] eine „echt" - unabhängig vom Verlauf der Fehlstufenkanten - epitaktische Relation von „dicken" Molekülfilmen zum Substratgitter gezeigt werden. Weiterführende Informationen zur Kristallographie und Epitaxie des Hexaphenyl finden sich in einem ausführlichen Übersichtsartikel von Resel in Ref. [75].

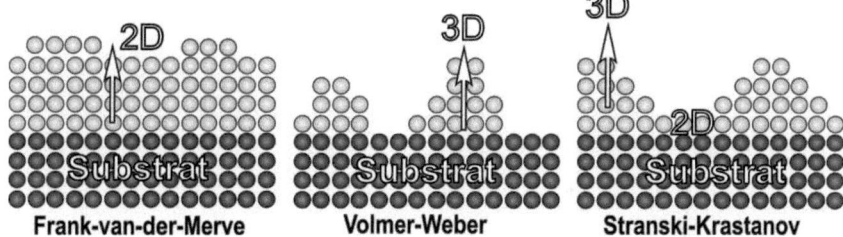

**Abb. 1.6:** Die Abbildung zeigt eine schematische Darstellung der Wachstumsmodi.

Das Bulkkristallwachstum auf Oberflächen wird nun in drei unterschiedlichen Modi unterteilt. So spricht man beim Lage für Lage Wachstum - engl. layer by layer - vom *Frank van der Meerve*-Wachstum oder auch vom 2-dimensionale Wachstum (vgl. Abb. 1.6). In diesem, für organische halbleitende Moleküle sehr selten gefundenen Modus, ist die Molekül-Molekül Wechselwirkung ungefähr gleich der zwischen Molekül und Substrat. Beobachtet wird dies beispielsweise für das Wachstum in dünnen Filmen von Perylen-3,4,9,10-Tetracarbonsäure-Dianhydrid (PTCDA) auf Ag(111) [125–127]. Das *Volmer-Weber*-Wachstum ist durch eine starke intermolekulare Wechselwirkung gekennzeichnet und wird häufig beim Wachstum auf inerten oder schwach wechselwirkenden Substraten beobachtet. Der Modus wird häufig auch als reines 3-D-Wachstum bezeichnet. Im Gegensatz dazu überwiegt beim Typus des *Stranski-*

*Krastanov*-Wachstums [128, 129] die Molekül-Substrat Wechselwirkung. Diese sorgt für die Ausbildung des bereits oben erwähnten *Wettinglayers*, auf dem im Anschluss spätestens ab der 3-4 Lage eine Entnetzung stattfindet. Man spricht von anfänglichem 2-Dimensionalem Wachstum das anschließend zum 3-D Wachstum wird.

## 1.3 Ziel der Arbeit

Im Kontext der im vorangestellten Abschnitt anhand von exemplarischen Beispielen beschriebenen Literatur, soll im Rahmen der vorliegenden Arbeit ein Beitrag zum grundlegenden Verständnis des Wachstums von organischen Halbleitermolekülfilmen geleistet werden. Es ist beabsichtigt, Wachstumstendenzen auf Substraten unterschiedlicher physikalischer Eigenschaften, wie Metallen, Metalloxiden und Graphit, aufzuzeigen und wiederum im Zusammenspiel mit Erkenntnissen aus früheren Arbeiten zu interpretieren. Mit Hilfe von detaillierten Studien unter Verwendung komplementärer Charakterisierungstechniken, wie Rastertunnelmikroskopie - *engl. scanning tunneling microscopy (STM)* - , Rasterkraftmikroskopie - *engl. Atomic Force Microscopy (AFM)* -, Thermodesorptionsspektroskopie - *engl. Thermodesortion Spectroscopy (TDS)* -, Röntgendiffraktometrie - *engl. X-Ray Diffraction (XRD)* - und Röntgen-Nahkanten-Absorptions-Spektroskopie - *engl. Near-Edge X-ray Absorption Fine Structure Spectroscopy (NEXAFS)* - sowie der Röntgen-Photoelektronenspektroskopie - *engl. X-ray Photoelectronspectroscopy* - sollen Verhaltensmuster der Molekülklasse des Pentacens (PEN), der Oxospezies Pentacen-5,7,12,14-Tetron (PEN-Tetron) und der fluorierten Spezies Perfluoro-Pentacen (PF-PEN) beschrieben werden, die es erlauben, anhand exemplarischer Experimente - wiederum im Kontext der Literatur - fundierte und begründete Vorhersagen über das Wachstum von vergleichbaren Molekül-Substratkombinationen zu treffen. Konkret sollen dabei Templateffekte, von Chemisorption und Physisorption vermittelnden Substraten sowie der Einfluss von Anisotropie von Oberflächen, untersucht werden. PEN ist auf Grund seiner hervorragenden elektronischen Eigenschaften (neben Rubren höchste bekannte Ladungsträgermobilität aller organischen Halbleiter sowie günstigste Bandlücke unter den an Luft stabil darstellbaren Polyacenen) der meist untersuchte organische Halbleiter. Die perfluorierte Spezies PF-PEN ist wegen seiner n-halbleitenden Eigenschaften und der daraus resultierenden Möglichkeit, in Kombination mit dem p-Halbleiter PEN bipolaren Transistoren zu realisieren, ein vielversprechender, bisher noch wenig erforschter Kandidat. Mit der Oxospezies PEN-Tetron steht ein weiteres, nahezu inertes Derivat von PEN mit unterschiedlichen Dimensionen und deutlich anderer Wachstumsphase zur Verfügung, von dessen Charakterisierung weitere Aufschlüsse zu Verhaltenstendenzen zu erwarten sind. Die Substrate Ag(111) und Cu(221) liefern jeweils eine isotrope und eine anisotrope metallische Oberfläche, von denen eine starke chemische Wechselwirkung ausgeht. Im Unterschied dazu zeichnet anisotropen $TiO_2(110)$

## 1.3. Ziel der Arbeit

Oberflächen eine schwache Wechselwirkung zu Molekülfilmen aus. Dies gilt auch für Graphit, wobei hier von der Begebenheit der guten Passung zwischen Substratgitter und Kohlenstoffrückgrat der Moleküle ein zusätzlicher Einfluss zu erwarten ist.

# Kapitel 2

# Experimentelles

Wann immer es wichtig ist die Eigenschaften einer Oberfläche zu kennen, ist es ebenso wichtig, über die entsprechenden Hilfsmittel - experimentelle Charakterisierungsmethoden - zur Messung derer verfügen zu können. Die in dieser Arbeit verwendeten Kerntechniken zur Charakterisierung der Oberflächeneigenschaften sind die Rastertunnel- und die Rasterkraftmikroskopie sowie die Beugung niederenergetischer Elektronen *(LEED)*. Des Weiteren konnten in einigen Projekten komplementäre Techniken in Kooperation eingesetzt werden. Diese Möglichkeit des experimentellen „Beleuchtens" aus unterschiedlichen Richtungen mit sich gegenseitig ergänzenden sowie überprüfenden Messungen, stellt dabei eine äußerst wichtige Tatsache für den Erfolg dieser Arbeit dar. Häufig gab erst die Interaktion der Ergebnisse der Messungen die in Zusammenarbeit mit Arbeitsgruppenmitgliedern sowie Kooperationspartnern anderer Arbeitsgruppen/Fachbereiche/Universitäten entstanden sind, den Anstoß, die „eigenen" Daten mit anderen Augen betrachten zu können und schließlich fundierte Argumentationsketten aufbauen zu können [130].

Im Kapitel 2 sollen daher zunächst die Grundlagen der im Rahmen dieser Arbeit verwendeten Kerntechniken erläutert werden und, mit Bezug zu den durchgeführten Experimenten, auf Eigenheiten bei deren Verwendung an weicher Materie - *engl. soft matter* - hingewiesen werden. Die einzelnen Abhandlungen enthalten dabei neben einer Motivation für die Verwendung der jeweiligen Methode die physikalischen Hintergründe, die Funktionsweise sowie experimentspezifische Eigenheiten bei Verwendung der Methode an *soft matter*. Die Erläuterung der komplemetär verwendeten Charakterisierungsmethoden ist auf diesen Punkt der experimentspezifischen Eigenheiten beschränkt. Für die Beschreibung der theoretischen Grundlagen wird daher auf Lehrbücher verwiesen.

## 2.1 Mikroskopie Methoden

Mit Hilfe eines Mikroskops können Objekte, deren Größe unterhalb des Auflösungsvermögens des menschlichen Auges liegt, vergrößert angesehen und abgebildet werden. Die seit Anfang des 17. Jahrhunderts bekannte älteste mikroskopische Methode der Lichtmikroskopie, - bereits 1608 platzieren die niederländischen Linsenschleifer *H.* und

Z. Jansen zwei Linsen innerhalb einer Röhre hintereinander und konstruierten damit das erste Mikroskop - ist dabei in ihrer Auflösung, wie sich aus der von E. Abbe [131] Ende des 19. Jahrhunderts beschriebenen Gesetzmäßigkeit des *Abbe-Limits* ergibt, auf etwa 0,2 $\mu m$ begrenzt.

$$d = \frac{\lambda}{2n \cdot sin\ \alpha} \qquad (2.1)$$

Dabei ist $\lambda$ die Wellenlänge des verwendeten Lichtes und die *NA* die numerischen Appertur $NA = n \cdot sin\alpha$ (mit $n$ der Brechungsindex des Mediums zwischen Linse und Objekt und $\alpha$ der halbe Öffnungswinkel der Linse ist). Diese Grenze konnte ab den 1930er Jahren mit Hilfe des Rasterelektronenmikroskops - *engl. Scanning Elektron Microscopy (SEM)* deutlich unterschritten werden. Bei der Methode, für deren Entwicklung *E. Ruska* 1986 den Nobelpreis für Physik erhielt - für *sein fundamentales Werk in der Elektronenoptik und für die Konstruktion des ersten Elektronenmikroskops* - wird an Stelle von Licht im sichtbaren Wellenlängenbereich ein die Oberfläche abrasternder Elektronenstrahl einer kürzeren Wellenlänge für die Abbildung verwendet. Die damit theoretisch erreichbare mögliche Auflösung von 1 Å wird auf Grund der Abberation der bei der Methode verwendeten elektromagnetischen Linsen zwar auch in den modernsten Elektronenmikroskopen nicht gänzlich erreicht, dennoch sind seit der Verfügbarkeit dieser Technik in vielen Disziplinen der Wissenschaft enorme Fortschritte - was das Verständnis von Prozessen im Maßstab unterhalb des *Abbe-Limits* betrifft - erzielt worden. Im Hinblick auf die Thematik der Arbeit müssen aber auch die Nachteile der Verwendung eines Elektronenstrahls bei Charakterisierung weicher Materie gerade in Bezug auf Strahlenschäden [132] sowie notwendiger Leitfähigkeit - Aufladungsprozesse der Objekte müssen vermieden werden - mit dem Ergebnis erwähnt werden, dass die Methode nicht als Kerntechnik für Untersuchungen zum Verständnis des Wachstums dünner organischer Halbleiterfilme geeignet ist. Im Folgenden werden daher zwei Methoden der Rastersondenmikroskopie - *engl. Scanning Probe Microscopy (SPM)* - erläutert, unter deren zur Hilfenahme ein Großteil der vorgestellten Ergebnisse herausgearbeitet wurde.

## 2.1.1 Rastertunnelmikroskopie (STM)

Das Gebiet der Rastersondemikroskopie erstreckt sich über einen Bereich lateraler Auflösung von mehr als 100 $\mu m$ bis hin zu 1 Å [133]. So lassen sich nicht nur perfekte Oberflächen, sondern auch lokale Defekte, Stufenkanten sowie die auf dem Gebiet von *soft matter* mit großem Interesse untersuchten Adsorbate charakterisieren. STM bietet dabei nicht nur die Möglichkeit Filme auf mesoskopischer Skala, beispielsweise bezüglich ihrer Morphologie zu charakterisieren, sondern auch auf atomarer bzw. molekularer Skala mögliche epitaktische Relationen zu bestimmen. Die Basis aller SPM-Methoden, zu denen auch beispielsweise die hier nicht näher erläuterte Methode der optischen Nahfeldmikroskopie gehört, bildet die 1986 mit dem Nobelpreis für Physik

## 2.1. Mikroskopie Methoden

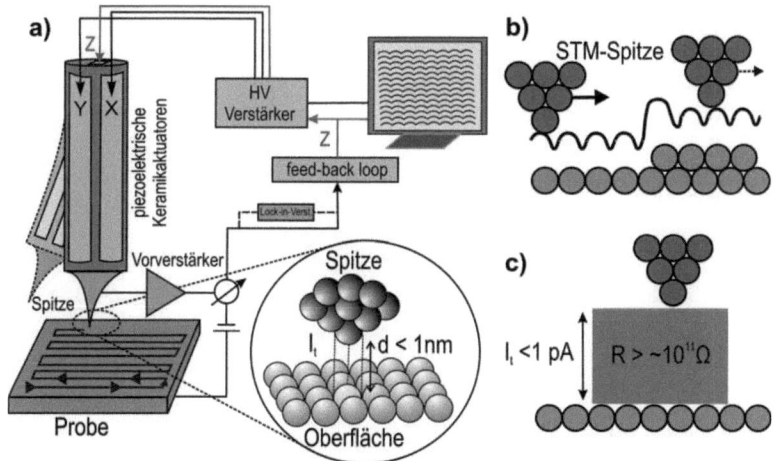

**Abb. 2.1:** Teilbild a) zeigt eine schematische Darstellung der Funktionsweise eines Rastertunnelmikroskops. Probe und Tunnelspitze werden zunächst mit Hilfe eines mechanischen Schrittmotors unter Sichtkontakt einander angenähert. Für das Erreichen der für den Messbetrieb notwendigen Abstände d<1 nm wird die Spitze von den piezoelektrischen Keramikaktuatoren in kleinen Schritten angenähert. Dabei wird kontinuierlich geprüft, ob der über die Software angegebene Tunnelstrom $I_t$ unter der ebenfalls über die Software angelegten Tunnelspannung $U_t$ bereits fließt. Nach Erreichen des so genannten Tunnelkontaktes wird die Oberfläche entsprechend der schematisch eingezeichneten blauen Pfeile abgerastert. Über die Auswertung der bei konstant gehaltenem $I_t$, notwendigen Regelung der Spitze wird anschließend die elektronische Struktur der Oberfläche in Form eines quasi topographischen Bildes am Bildschirm erhalten. In b) ist die Bewegung der Tunnelspitze am Beispiel einer Stufenkannte illustriert. Abbildung c) zeigt den Grenzwiderstand der Tunnelmikroskopie auf, der bei der Charakterisierung von Halbleitern häufig mit der maximalen abbildbaren Schichtdicke einher geht.

ausgezeichnete Konstruktion des Rastertunnelmikroskops - *engl. Scanning Tunneling Microscopy (STM* - von *G. Binnig und H. Rohrer* [134]. Bei diesem Abbildungsverfahren wird eine elektrisch leitende Spitze zeilenweise mit Hilfe von piezoelektrischen Keramiken - die sich durch Anlegen einer gezielten Spannung extrem präzise verformen lassen - in einem derart geringen Abstand ($< 1\ nm$) über eine Oberfläche bewegt, dass die Wellenfunktionen von Spitze und Oberfläche sich überlappen und beim Anlegen einer Spannung ein Ladungsaustausch stattfindet (vgl. Abb. 2.1 a). Da Spitze und Probe dabei in keinem mechanischen Kontakt stehen, spricht man von einem Tunnelmechanismus. Dieser in Abb. 2.2 a) schematisch dargestellte Effekt stellt eine wichtige Form des Transportes dar, der sich aber im Gegensatz zu anderen Transportmechanismen, wie beispielsweise Diffusion, nicht mit den Gesetzen der klassischen Physik beschreiben lässt [135]. Für einen klassischen Partikel mit einem Impuls in x-Richtung oder ein Elektron mit einer geringen Energie stellt eine Potentialbarriere im Rahmen der klassischen Physik eine unüberwindbare Hürde dar, an der sie reflektiert werden (vgl. Verlauf des roten Punktes in 2.2 a). Auf Grund ihrer geringen Masse müssen Elektronen nun quantenmechanisch behandelt werden. Dabei wird die Potentialbarriere für einen Teil (Aufenthaltswahrscheinlichkeit der Elektronen) der Elektromagnetischen Welle überwindbar (vgl. Verlauf der blauen Linie in 2.2 a).

Überträgt man dieses Bild nun auf das Rastertunnelmikroskop, so stellt der Bereich zwischen STM-Spitze und Probenoberfläche die zu überwindende Potentialbarriere $\phi$ dar. In dem in der klassischen Physik „verbotene Zone" genannten Bereich fällt die Wellenfunktion $\psi$ daher exponentiell ab.

$$\psi(z) = \psi(0) exp - \left[ \frac{\sqrt{2m(\phi - E)}z}{\hbar} \right] \quad (2.2)$$

Dabei ist $m$ die Masse und $E$ die Energie des Partikels. In den Gesetzen der Quantenmechanik kann die Gesamtbarriere, deren Höhe in etwa aus der Summe der Austrittsarbeiten von Probe und Spitze sowie dem Abstand $d$ ergibt, nun durch das Anlegen einer Spannung überwunden werden. Es ist zu bemerken, dass $\Phi$ in guter Näherung als Austrittsarbeit von Probe und Spitze ausgedrückt werden kann. Unter Berücksichtigung der Zustandsdichte $\rho_s E(F)$ - engl. *density of states (DOS)* - an der Fermikante berechnet sich der Tunnelstrom $I_t$ nun wie folgt:

$$I_t \propto V \rho_s(E_F) exp \left[ -2 \frac{\sqrt{2m(\Phi - E)}z}{\hbar} \right] \propto V \rho_s(E_F) e^{-1,025\sqrt{\Phi}z} \quad (2.3)$$

Dabei ist $\Phi$ die Höhe der Barriere in eV und $z$ die Höhe in Å. Daraus ergibt sich eine exponentielle Abhängigkeit der Tunnelwahrscheinlichkeit zum Tunnelspitzen-Oberflächen-Abstand. Wird nämlich der Abstand beispielsweise um 1 Å erhöht, hat dies eine Änderung des Tunnelstroms $I_t$ um eine Größenordnung zur Folge. Für die Abbildung ergibt sich daher eine extrem hohe Sensitivität in Richtung der z-Komponente. Zur Verdeutlichung ist diese Begebenheit zwischen Spitze und Probe in Abb. 2.1 a) auf atomarer Skala illustriert. Im Idealfall fließt der Tunnelstrom $I_t$ daher beim Anlegen einer Spannung zwischen dem letzten Atom der Spitze und dem nächstgelegenen der Oberfläche. Durch Anlegen einer negativen Spannung bezüglich der Probe, tunneln dabei Elektronen aus deren höchsten besetzten Zustand in den niedrigsten unbesetzten Zustand der Spitze. Für den inversen Fall einer positiven Spannung bezüglich der Probe tunneln Elektronen entsprechend aus dem höchsten besetzten Zustand der Spitze in den niedrigsten unbesetzten Zustand der Probe. Der Stromfluss bewegt sich dabei in der Größenordnung von 1 pA bis hin zu einigen nA

## 2.1. Mikroskopie Methoden

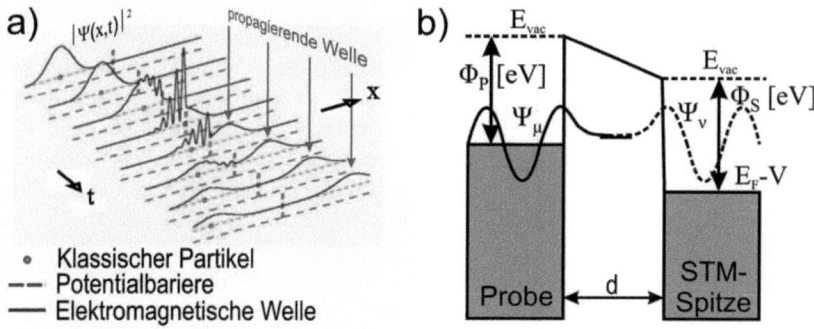

**Abb. 2.2:**
In Abbildung a) ist der Unterschied zwischen dem Verständnis des Verhaltens eines Teilchens an einer Potentialbariere, in den Gesetzmäßigkeiten der klassischen Physik gegeüber dem der quantenmechanischen Gesetzmäßigkeiten - unter Verwendung des Welle-Teilchen Dualismus - dargestellt. Teilbild b) beschreibt schematisch den Überlapp der Wellenfunktionen der Probe $\psi_\mu$ und der Tunnelspitze $\psi_\nu$. Durch Anlegen einer negativen Spannung an die Probe können Elektronen aus deren HOMO ins LUMO der Spitze tunneln. Bei positiven angelegten Spannungen tunneln Elektronen aus dem HOMO der Spitze ins LUMO der Probe. $\Phi_P$ und $\Phi_S$ geben die Austrittsarbeiten von Probe bzw. Spitze an und $E_{vac}$ kennzeichnet die Energie der Vakuumkante.

und wird während des Scannvorgangs von einem möglichst nah an der Spitze platzierten Vorverstärker gemessen. Dieses verstärkte Signal kann daraufhin bei besonderere Anforderung (wie beispielsweise für tunnelspetroskopische Messungen - *engl. scanning tunneling spectroscopie (STS)* -) zusätzlich mit Hilfe eines Lock-in-Verstärkers hinsichtlich des Signal-Rausch-Verhältnisses verbessert werden und anschließend, oder eben direkt als Eingangssignal für eine Rückkopplungsschleife - *engl. feed-back loop* - genutzt werden (vgl. Abb. 2.1 a). Die Rückkopplung dient dabei auf der einen Seite als Regelschleife für die z-Komponente der piezoelektrischen Keramikaktuatoren, an die das Signal über einen Hochspannungsverstärker weiter gegeben wird, und meldet auf der anderen Seite die für die Konstanz des vorgegebenen Tunnelstroms durchgeführten regelnden Eingriffe an die STM-Elektronik. Unter Kenntnis des durchgeführten x-y-Scanvorgangs berechnet diese wiederum eine Abbildung der Oberfläche. Das Abbild besteht dabei in erster Linie aus einer iso-Hyperfläche der elektronischen Zustandsdichte der Oberfläche - *engl. density of states (DOS)*, welche aber in den meisten Fällen auch mit der topographischen Beschaffenheit der Oberfläche korreliert. Dieser am häufigsten verwendete STM-Modus wird in Folge der zu Grunde liegenden beschriebenen Regelungsmethode auch Konstantstrom-Modus - *engl. constant current mode* - genannt. Sofern nicht explizit anders erwähnt, sind die im Rahmen der Arbeit gezeigten STM-Aufnahmen im *constant current mode* entstanden.

Ein weiterer häufig genutzter Modus ist der Konstante-Höhe-Modus - *engl. constant height mode* -. Im Unterschied zum *constant current mode* wird hierbei die Höhendifferenz zwischen Probenoberfläche und Spitze während des Scanvorgangs konstant gehalten und die Variation des Tunnelstroms gemessen und in Form einer Stromkarte der Oberfläche dargestellt. Moderne Instrumente sind im *constant current mode* in der Lage, die Topographie und eine Stromkarte (aus der Information der Regelschleife) simultan aufzunehmen.

Zur Verdeutlichung des Regelvorgangs im *constant current mode* ist in Abb. 2.1 b), am Beispiel einer Stufenkante dargestellt, welche praktischen Probleme beim Scannen auftreten. Liest man das Schema entsprechend der Scanrichtung von links nach rechts, so muss die Spitze zunächst entsprechend der atomaren Korrugation der Oberfläche wellenförmige Auf- und Abbewegung durchführen. Trifft die Spitze nun auf die Stufenkante, so muss die Regelung abrupt einen wesentlich größeren Höhenunterschied ausgleichen, als dies für die Korrugation auf der Terasse der Fall war. In der Folge kommt es zu einem so genannten Überschwinger, das heißt, dass die Spitze derart weit zurück gezogen wird, dass sie erst in einer Position oberhalb des vorgegebenen konstanten Stromflusses wieder „eingefangen" wird und dann erst im weiteren Verlauf des Terrassenscans wieder in eine stabile Position findet. Um dies zu verhindern, hat der Experimentator die Möglichkeit, die Empfindlichkeit der Regelung sowie die Scangeschwindigkeit entsprechend anzupassen. Grundsätzlich ist dabei aber zu berücksichtigen, dass für die Abbildung einer sehr schwachen Korrugation, beispielsweise der atomaren einer Metalloberfläche, eine sehr empfindlich eingestellte Regelung benötigt wird, wohingegen für das Abbilden der Stufen aus dem genannten Grund eine entsprechend weniger empfindliche benötigt wird. Als weitere Maßnahme kann die Scangeschwindigkeit verringert werden, um der Regelung über die Optimierung von Propotional- und Integralteil (PI-Regler) mehr Zeit zu geben. Dabei ergibt sich aber wiederum das Problem, dass die thermischen Drift sich verstärkt auf die Abbildung auswirkt. Im praktischen Einsatz ist es daher neben der Wahl der richtigen Tunnelparameter $I_t$ und $U_t$, gerade die Interaktion dieser beiden „Stellschrauben" die das Auflösungsvermögen maßgeblich beeinflussen. So kann eine zu empfindlich eingestellte Regelung auf einer „rauen" Oberfläche, die Spitze auf Grund des ständig notwendigen Nachregelns in eine Eigenschwingung versetzen, deren Periodizität gerade der gesuchten atomaren oder molekularen Korrugation entspricht und damit dem Experimentator eine gelungene Abbildung suggerieren. Um derartige Verwechslungen von Störung und echter Oberflächenstruktur zu unterscheiden, empfiehlt es sich bei veränderter Scangeschwindigkeit die Konstanz der Periodizität der erhaltenen Oberflächenstruktur zu überprüfen.

Im Hinblick auf die rastertunnelmikroskopische Charakterisierung der im Rahmen der Arbeit verwendeten organischen Halbleiterschichten sind zunächst üblicherweise verwendete Tunnelparameter zu erwähnen. Die Erfahrung zeigt dabei, dass neben

## 2.1. Mikroskopie Methoden

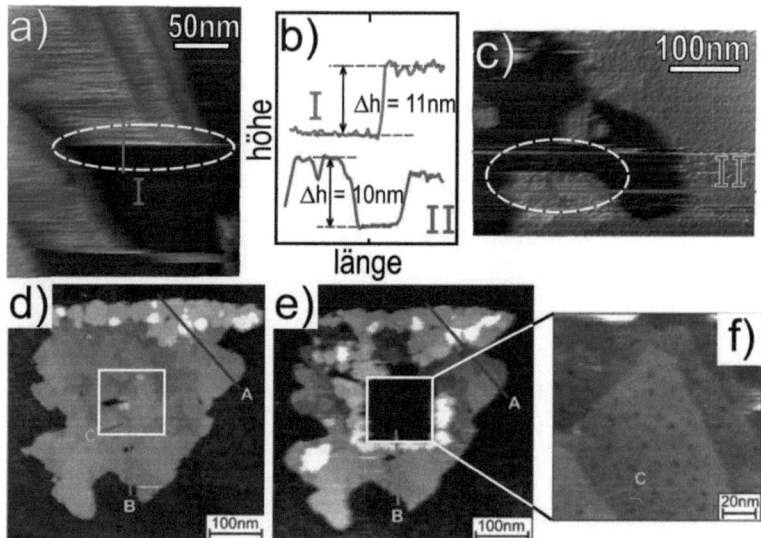

**Abb. 2.3:** Die STM-Aufnahmen bei 300 K in a) und c) ($U_t =-2,0$ V; $I_t =30$ pA) zeigen am Beispiel eines Pentacenfilms auf Graphit die Grenze der maximal abbildbaren Schichtdicken (vgl. Höhenlinienprofile in b) des organischen Halbleiters auf. An der scharfen Kante der Insel (gestricheltes Oval in a) ist deutlich zu erkennen, dass die natürliche Form der Insel (oberer Teil des Bildes) von der Tunnelspitze abrasiert wurde. Teilbild c) zeigt, dass die durch das *Crashen* der Spitze mit der Molekülinsel aufgenommenen Moleküle im weiteren Scanverlauf wieder von der Spitze abfallen und charakteristische Streifen auf der Oberfläche hinterlassen. Teilbild d) zeigt ein STM-Bild bei 77 K ($U_t =-2,5$ V; $I_t =50$ pA) einer Pentaceninsel auf einem Mercaptoundekanol SAM auf Au(111)/mica. Die mit den gleichen Tunnelparametern aufgenommene Abbildung e) zeigt das Resultat eines zwischen den beiden Aufnahmen durchgeführten 125×125 $nm^2$ Scans mit positiver angelegter Spannung ($U_t =1,5$ V; $I_t =50$ pA). In f) ist der unter der Insel befindliche SAM (aufgenommen im ausrasierten Fenster) mit den charakteristischen Ätzgruben - *engl. etch pits* - abgebildet.

der passenden Tunnelspannung, die etwa von -3 bis +3 Volt variieren kann, sich für das zerstörungsfreie Abbilden von organischen Molekülkristallfilmen in den meisten Fällen nur Tunnelströme im pA-Bereich ($I_t \approx$ 3-50 pA) eignen [136]. Des Weiteren ist auf Grund der halbleitenden Eigenschaften das Abbilden bezüglich der Schichtdicke begrenzt. So lassen sich beispielsweise Pentacenfilme einer kristallinen Struktur mit Molekülen die mit ihrer Moleküllängsachse parallel zum Substrat angeordnet sind bis zu einer maximalen Höhe von ca. 10 nm abbilden. In Abb. 2.3 a-c) ist am Beispiel eines Pentacenfilms auf Graphit die Limitierung bei der Abbildung bezüglich der Schichtdicke dokumentiert. Trifft die Spitze wärend des Scanvorganges auf eine Insel, die derart hoch ist, dass die Leitfähigkeit zu gering bzw. der Widerstand der Schicht zu hoch ist, so wird sie vom Regelkreislauf nicht als Hindernis wahrgenommen und damit von der Spitze „abrasiert". Das dabei aufgenommene Material wird dann, wie in Abb. 2.3 c) gezeigt, im weiteren Scanverlauf wieder abgelegt (charakteristische Streifen im gestrichelten Oval in 2.3 c).

Wie man sich dieses Begebenheit aber auch zu Nutze machen kann, ist in den Abbildungen 2.3 d-e) aus [137] gezeigt worden. Teilbild 2.3 d) zeigt zunächst eine STM-Aufnahme einer Pentaceninsel, gewachsen auf einer Monolage (SAM) Mercaptoundekanol auf Au(111). Bild 2.3 e) zeigt die Folgen eines Scans, der zwischen den beiden Aufnahmen liegt. Hierbei wurde durch das Anlegen einer positiven Spannung so genanntes „Windowing" betrieben. Bei inverser Polarität konnte so absichtlich ein Teil der Insel entfernt werden und damit der Bereich unter der aufgewachsenen Schicht charakterisiert werden. Im konkreten Fall konnten damit die Stufenhöhen der Pentaceninsel aus Abb. 2.3 d) dem darunterliegenden Gold-Substrat zugeordnet werden und damit eine Erklärung für ihre zunächst nicht in die Interpretation passende Höhe gefunden werden (für weitere Details siehe [137]). *Windowing* auf organischen Filmen lässt sich häufig auch durch ein drastisches Erhöhen des Tunnelstroms um beispielsweise eine Größenordnung erzielen.

### 2.1.2 Rasterkraftmikroskopie (AFM)

Die Rasterkraftmikroskopie - *engl. Atomic Force Microscopy (AFM)* - gehört ebenfalls zu der Klasse der Rastersondenmikroskopie und wurde erstmals 1985 von Binnig et al. [138] demonstriert. Da keine Notwendigkeit für eine Leitfähigkeit der Proben besteht, lassen sich mit Hilfe des AFM auch Halbleiter und Isolatoren charakterisieren. Des Weiteren sind auf Grund der in der Regel wesentlich größeren Scanbereiche (bis ca. 100 $\mu m$), im Vergleich zum STM, repräsentative Übersichtsbilder der Probentopographie möglich. Ähnlich wie beim STM wird beim AFM eine scharfe Spitze mittels piezoelektrischen Aktuatoren in einem Raster über eine zu charakterisierende Oberfläche bewegt (vgl. Abb. 2.4 a). Im Unterschied zur Tunnelmikroskopie wird dabei aber keine Spannung zwischen Probe und Spitze angelegt, sondern es erfolgt eine Messung der zwischen Spitze und Probenoberfläche wirkenden attraktiven und repulsiven Kräfte [133, 135]. Die Spitze der Tastnadel/Sonde befindet sich dabei auf der Rückseite einer Blattfeder, dem so genannten Cantilever (vgl. Abb. 2.4 a). Dieser erfährt beim Scannen der Oberfläche eine von oberflächennahen Kräften hervorgerufene Auslenkung, die auf unterschiedliche Arten detektiert werden kann. Bei der am häufigsten verwendeten Methode findet dies in optischer Weise statt. Auf der Oberseite des Cantilevers wird dazu ein Laserstrahl fokussiert, dessen Reflexion anschließend mit Hilfe einer positionssensitiven Photodiode detektiert wird (vgl. Abb. 2.4 a). Das A-B Signal der Vierquadrantenphotodiode ist dabei proportional zur Kraftnormalen und das C-D Signal zur Torsionskraft der Auslenkung. Analog zur Tunnelmikroskopie

## 2.1. Mikroskopie Methoden

lässt sich aus dieser beim zeilenweisen Scannen punktweise aufgezeichneten Änderung des Cantilevers eine oberflächentopographische Abbildung der Probe berechnen [139]. Im Gegensatz zum STM - elektronische Zustandsdichte der Oberfläche - enthalten AFM-Abbildungen eine „echt" topographische Information der Oberfläche.

Für das Verständnis der erhaltenen Informationen sollen im Folgenden die abbildungsrelevanten Kräfte und deren Wechselwirkung sowie die unterschiedlichen Abbildungsmodi erläutert werden. Die Abbildung des Rasterkraftmikroskops basiert auf dem Zusammenspiel der anziehenden und abstoßenden oberflächennahen Kräfte und deren Wechselwirkung mit der Spitze des Cantilevers. So wirken auf die sich annähernde Spitze zunächst langreichweitige attraktive *van der Waals (vdW)*, und elektrostatische Kräfte (vgl. Kraft-Abstandskurve in 2.4 b). *Van der Waals*-Kräfte, auch Dispersionskräfte genannt, sind Kräfte, die zwischen fluktuierenden Dipolen ansonsten unpolarer Moleküle, beispielsweise zwischen zwei neutralen Molekülen die keinen permanenten Dipol besitzen, wirken. Sie bestehen daher nur auf Grund von zeitlichen Ladungsfluktuationen im Molekül, die wiederum Dipole in anderen Molekülen induzieren können und sind beispielsweise selbst in inerten Edelgasen vorhanden. Für die Abbildung sind diese langreichweitigen Kräfte aber nur von sekundärer Bedeutung, da die eigentlichen Abbildungen in einem Regime mit wesentlich geringerem Spitze-Probe Abstand aufgenommen werden.

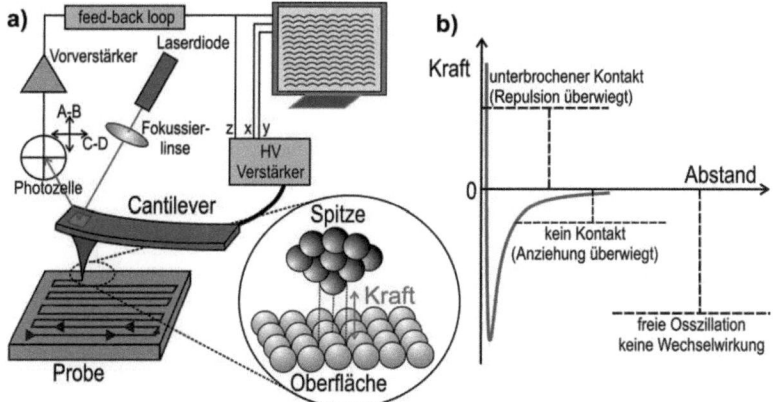

**Abb. 2.4:** Teilbild a) zeigt eine schematische Darstellung eines Rasterkraftmikroskops. Die Detektion der Auslenkung des Cantilevers erfolgt in diesem Beispiel optisch mit Hilfe einer Vierquadratenphotodiode. Das Messsignal wird zur Berechnung der Abbildung über den *feed-back Loop* und als Regelsignal genutzt. Die Kraft-Abstandskurve in b) zeigt die unterschiedlichen Wechselwirkungsregime zwischen Probenoberfläche und Rastersonde schematisch auf.

In diesem Regime wirken dann sowohl kurzreichweitige attraktive als auch repulsive Kräfte (vgl. weiterer Verlauf der Kraft-Abstandskurve in 2.4 b). So resultiert aus dem Überlapp der Wellenfunktionen von Oberfläche und Spitze im Falle der Reduzierung der Gesamtenergie des Systems (vergleichbar mit einer Bindung im Molekül) Anziehung und bei zu großem Überlapp, auf Grund des *Pauli*-Prinzips, Abstoßung (*Pauli-Repulsion*). Des Weitern spielt die elektrostatische *Coulomb*-Abstoßung der Ionenkerne, die sich näherungsweise mit einem *Lennard-Jones-Potential* [140] beschreiben lässt, in diesem Abstandsregime eine Rolle. Wobei für den vorliegenden Fall von Spitze und Probe natürlich noch die Wechselwirkungen mit den jeweiligen nächsten Nachbaratomen berücksichtigt werden müssen. Die Reichweite der Repulsion liegt dabei in der Größenordnung der Ausdehnung, der Wellenfunktionen der Elektronen und damit unterhalb von einem Nanometer.

Zu den attraktiven, kurzreichweitigen Kräften gehören die metallische Adhäsion sowie ionische Wechselwirkungen. Sie zeichnet eine nochmals wesentlich geringere Reichweite aus, die je nach Kombination aus Spitze und Probe in der Größenordnung atomarer Einheiten liegt. So ergaben Berechnungen von Perez et al. [141] für Siliziumspitzen auf Si(111) für die metallische Adhäsion eine Reichweite von gerade einmal 0,05 nm, wohingegen die kovalenten Wechselwirkungen erst nach 0,2 nm vollständig abgeklungen waren. In diesem Regime ist daher von einer ansatzweise chemischen Bindung zwischen Spitzen Apex und Probenoberfläche zu sprechen.

Für das Experiment stehen dem Nutzer nun verschiedene Modi zur Verfügung, die jeweils unterschiedliche Regime der Kraft-Abstandskurve ausnutzen, um die Oberflächentopographie abzubilden. Der Kontakt-Modus - *engl. contact mode* - basiert dabei entsprechend dem *Hook'schen*-Gesetz auf einer statischen Messung der Ablenkung des Cantilevers [135]. Spitze und Probe befinden sich während des Scanvorganges in ständigem mechanischen Kontakt. In Konsequenz ergibt sich, dass die Messung im repulsiven Regime der Kraft-Abstands-Kurve stattfindet. Die Position der Spitze ergibt sich dabei aus dem Gleichgewicht der attraktiven Kraft zwischen der mesoskopischen Spitze und der Oberfläche sowie der repulsiven Kraft zwischen dem Apex der Spitze und der Probe sowie der externen über Federfunktion des Cantilevers ausgeübten Kraft. Bei dem am häufigsten verwendeten Modus findet dabei eine aktive Regelung dieser externen Kraft statt. Dabei wird die über den Cantilever ausgeübte Kraft mittels eines *feed-back Loops* (ähnlich dem beim STM) konstant gehalten.

Ein weiterer Modus der Rasterkraftmikroskopie nutzt das Regime zwischen den kurzreichweitigen repulsiven und attraktiven Kräften zur Abbildung der Oberflächentopographie. In einem Abstand von < 5Å sind die kurzreichweitigen Kräfte zwischen Spitzenapex und Oberflächenatomen mit den langreichweitigen Kräften zwischen Spitze und Probe im Gleichgewicht. Wird die Spitze in dieses Regime an die Oberfläche geführt, so erlaubt die atomare Korrugation der Oberfläche und die damit einhergehende Modulation der kurzreichweitigen Oberflächenkräfte, AFM bis hin zu atomarer Auflösung zu betreiben. Im Unterschied zum *contact mode* befindet sich der Cantilever

## 2.1. Mikroskopie Methoden

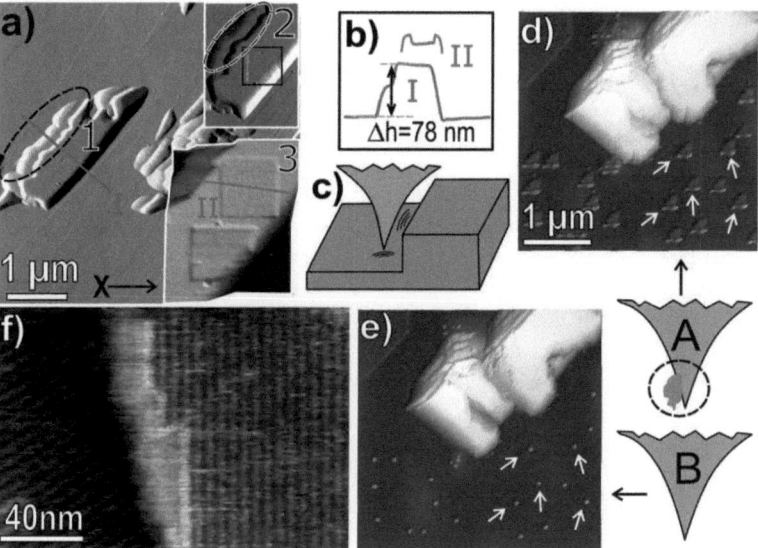

**Abb. 2.5:** Teilbild a) ist in der Reihenfolge von 1-3 zu betrachten und zeigt in 1. zunächst das Amplitudenbild eines Übersichtsscans aufgenommen im „tapping mode" von Perfluoropentaceninseln auf Graphit. Die in 1. glatte Oberfläche der 78 nm hohen Insel (linescan in b) weist in 2. eine und 3. zwei quadratische Vertiefungen auf, die mittels eines zusätzlichen Scans, aufgenommen bei erhöhter Auflagekraft zwischen den gezeigten Abbildungen, erzeugt wurde. Des Weiteren sind in den Teilbildern 1. und 2. mittels der schwarz-gestrichelten Ovale, Bereiche gekennzeichnet, die Artefakte einer Doppelspitzenabbildung zeigen. In c) ist die Ursache der Artefakte schematisch dargestellt. Abbildungen d) zeigt ebenfalls Doppelspitzenartefakte (weiße Pfeile), hervorgerufen durch eine verunreinigte Spitze (schematische Zeichnung der Spitze A) am Beispiel einer *tapping mode* Aufnahme von Pentacen-Tetrone auf Cu(221). Der selbe Bereich ist in e) von einer sauberen Spitze (Spitze B) abgebildet und zeigt die echte Topographie der kleinen Molekülinseln auf der Oberfläche. Abbildung f) zeigt das lamellenartige Streifenmuster einer liegenden Phase eines $C_{60}H_{122}$-Alkans auf Graphit. Die Aufnahme ist im „tapping mode" an Luft entstanden.

während des Scanvorgangs im so genannten Nicht-Kontakt Modus - *engl. non-contact mode* - also in keinem mechanischen Kontakt mit der Oberfläche. Stattdessen wird der Cantilever zu einer Oszillation etwas unterhalb seiner Eigenfrequenz angeregt, die während des Scanvorganges auf Grund der Wechselwirkung mit der Oberfläche eine Verschiebung erfährt. Die in den meisten Fällen optisch detektierte Frequenzverschiebung, die wiederum ein Maß für die Kraftwechselwirkung darstellt, wird dabei nicht nur für die Abbildung, sondern auch als Signal für die Regelschleife genutzt. Da es im *non-contact mode* unter keinen Umständen zu einem mechanischen Kontakt zwischen Spitze und Probe kommen sollte, wird die Frequenzverschiebung hauptsächlich durch attraktive Kräfte hervorgerufen. Das heißt die oszillierende Sonde wird gerade so weit an die Probe angenähert, dass die oben erwähnten kovalenten Kräfte zwischen Probe und Spitze miteinander wechselwirken können. Praktisch schwingt der Cantilever daher im Mittel eher zur Probe hin geneigt. Dass gerade diese kurzreichweitigen, attraktiven Wechselwirkungen abbildungsrelevant sind, konnten beispielsweise Gross *et al.* [142] zeigen, in dem sie mit Hilfe eines CO-Moleküls an der Spitze eines Cantilevers sub-molekulare Auflösung an Pentacen auf Cu(111) erzielten. Praktisch ist diese Art der Rasterkraftmikroskopie nur auf sehr glatten und definierten Oberflächen innerhalb einer Vakuumapparatur möglich. An Luft unvermeidbare Fremdadsorbate, wie beispielsweise $H_2O$ oder CO, verhindern auf Grund ihrer langreichweitigen Wechselwirkungen das Messen in diesem Kraft-Abstand-Regime außerhalb des Vakuums.

Der im Rahmen dieser Arbeit am häufigsten verwendete AFM-Modus, ist eine weitere Art der dynamischen Rasterkraftmikrskopie. Im klopfenden Modus - engl. *tapping mode* - wird ähnlich dem *non-contact mode* ebenfalls ein etwas unterhalb der Eigenfrequenz schwingender Cantilever zeilenweise über die Oberfläche gerastert. Im Unterschied erfährt dieser hierbei aber keine Änderung, sondern eine Dämpfung der Amplitude, die durch die kurzreichweitige Repulsion hervorgerufen wird. Praktisch ist es daher so, dass die Spitze nicht wie im *contact mode* in permanentem mechanischem Kontakt zur Oberfläche steht, sondern mit einer oszillierenden Auf und Ab-Bewegung - klopfend - die Oberfläche abtastet. Der *tapping mode* eignet sich daher besonders für die zerstörungsfreie Charakterisierung von weicher Materie ohne, im Unterschied zum *non contact mode*, die zusätzliche Anforderung des Aufwandes einer Vakuumappartur zu stellen. Der *contact mode* eignet sich nicht für die Charakterisierung von *soft matter*, da der ständige mechanische Kontakt zwischen Spitze und Oberfläche zu ähnlichen Effekten führt wie sie in Abb. 2.3 a,c) für das Tunneln an organischen Filmen mit zu großem Widerstand gezeigt wurden. Die „weichen" organischen Filme können dabei der Kraft des Cantilevers im *contact mode* nicht Stand halten und werden in ihrer Struktur beschädigt. Dieser *nanoshaving* genannte Effekt ist, wie am Beispiel eines Perfluoropentacenfilm auf Graphit in Abb. 2.5 a) gezeigt, auch bei zu großer Auflagekraft im *tapping mode* zu beobachten. Hierbei wurden, ähnlich dem *Windowing* beim STM, durch Erhöhen der Auflagekraft in einem Scan zwischen den gezeigten Bildern zwei quadratische Fenster in die kristalline Insel rasiert (vgl. *Linescans* I und II in Teilbild 2.5 b).

Ein Problem, das beim Abbilden sehr großer Aspektverhältnisse immer wieder auftritt, lässt sich in den Teilbildern a) 1. und 2 sehr gut erkennen. So zeigen die schwarz-gestrichelten ovalen Bereiche, in denen die Abbildung nicht nur mit dem Apex der Spitze stattgefunden hat, sondern auch über die Seitenflanke der Spitze, zweifach auftretende Ränder der Inseln (vgl. schematische Illustration in 2.5 c). Zu erkennen ist dies an der doppelt auftretenden Kontur der Insel entlang der „schnellen" Scanrichtung der Rasterbewegung (x-Komponente). Man spricht dabei von einer Doppelspitzenabbildung. Eine weitere häufig auftretende Schwierigkeit bei der Abbildung von weicher Materie ist die der Verunreinigungen der Spitze durch Moleküle. In der Folge werden die in Abb. 2.5 d) mit den weißen Pfeilen gekennzeichneten, immer wiederkehrenden Artefakte gleicher Struktur erhalten (vgl. Teilbild 2.5 (d) mit der in Abb. 2.5 (e) gezeigten Abbildung der selben Stelle, aufgenommen mittels einer sauberen Spitze B). Die Artefakte sind als Zeichen einer Doppelspitzenabbildung - ähnlich der Schemazeichnung der Spitze A in Abb. 2.5 - zu deuten und in den meisten Fällen nur durch ein Wechseln des Cantilevers behebbar.

Neben der makroskopischen Topographie erlauben es moderne Rasterkraftmikroskope mit besonders scharfen Spitzen (Krümmungsradius < 10 nm) auf sehr glatten Proben auch im *tapping mode* molekulare Strukturen abzubilden, wie am Beispiel eines $C_{60}H_{122}$-Alkans auf Graphit in Abb. 2.5 f) gezeigt.

## 2.2 Beugungsmethoden

### 2.2.1 Beugung niederenergetischer Elektronen (LEED)

Für die systematische Charakterisierung des Wachstums organischer Molekülkristallfilme auf Oberflächen ist eine auf atomarer Skala definierte Substratbeschaffenheit von essentieller Bedeutung. Eine nicht lokale Methode zur Untersuchung der atomaren Gitterordnung sowie der Ordnung von Moleküladsorbatfilmen ist die Beugung mittels niederenergetischen Elektronen - *engl. low energy electron diffraction (LEED)* -. In dem in dieser Arbeit hauptsächlich verwendeten Aufbau werden dazu Elektronen aus einem $LaB_6$-Kristall (Kathode) emittiert und mit Hilfe einer Anodenspannung auf eine kinetische Energie $E_{kin}$ von 20 - 500 eV beschleunigt (vgl. Abb. 2.6). Nach *De Broglie*

$$\lambda_e = h/m_e\nu = \sqrt{150/E_{kin}} \tag{2.4}$$

ergibt sich daraus eine Wellenlänge von $\lambda_e$ = 0,5 - 2 Å, die damit im Bereich der atomaren Gitterabstände liegt. Hierbei ist $h$ das *Plancksche* Wirkungsquantum, $m_e$ die Masse eines Elektrons und $\nu$ die Geschwindigkeit [130, 143]. Die so beschleunigten Elektronen werden daraufhin mit Hilfe von elektronischen Linsen in Form eines gerichteten Elektronenstrahls auf die zu charakterisierende Probenoberfläche fokusiert. Für eine geradlinige Ausbreitung des Strahls liegen dabei die Austrittblende der Elektronenkanone und die Probe auf Erdpotential. Die auftreffenden Elektronen haben nun auf Grund ihrer geringen Energie eine entsprechend geringe mittlere freie Weglänge im Festkörper. Daraus resultiert eine sehr geringe Eindringtiefe, (typischerweise < 10 Å) was die Methode besonders oberflächenempfindlich macht. Die an der Oberfläche gebeugten Elektronen werden daraufhin durch das Anlegen einer Hochspannung an einen Fluoreszenzschirm auf diesen beschleunigt und ergeben ein

Beugungsbild (Reflexe in Abb. 2.6) der periodischen Struktur der Probenoberfläche und einer eventuell vorhandenen Überstrukur eines periodisch angeordneten Adsorbats. Inelastisch gestreute Elektronen tragen dabei nicht zum Beugungsmuster bei, da sie von einem auf negativem Potential liegenden Gegenfeld - *engl. retarding field* - herausgefiltert werden. Die auf Erdpotential liegenden Gitter 1 und 3 sorgen dabei für eine feldfreie Flugstrecke der abbildungsrelevanten Elektronen.

Für die Charakterisierung von organischen Adsorbatstrukturen wurde noch eine weitere Variante der Beugungsreflexdetektion verwendet. Statt direkt auf einen Fluoreszenzschirm werden die gebeugten Elektronen im Vielkanalplattenleed - *engl. micro-channel plate (MCP-LEED)* - zunächst von Mikrokanalplatten um einen Faktor $10^6$ verstärkt und erst anschließend auf einem ebenen Schirm abgebildet. Die Methode erlaubt es, mit sehr kleinen Strömen im Bereich von 10-100 pA zu arbeiten und lässt damit Strahlenschäden auf einer Zeitskala der Experimentdauer vernachlässigbar werden. Daher eignet sich die Methode besonders gut für die Charakterisierung von organischen Adsorbaten. Ein Nachteil des ebenen Schirms ist allerdings die Tonnenverzerrung der erhaltenen Beugungsbilder in Folge der MCP im Vergleich zum radialen Strahlengang (vgl. dazu die in Abb. 2.7 gezeigten LEED-Bilder einer sauberen Cu(221) Oberfläche MCP-LEED in (a) und *backview*-LEED in (b). Für die

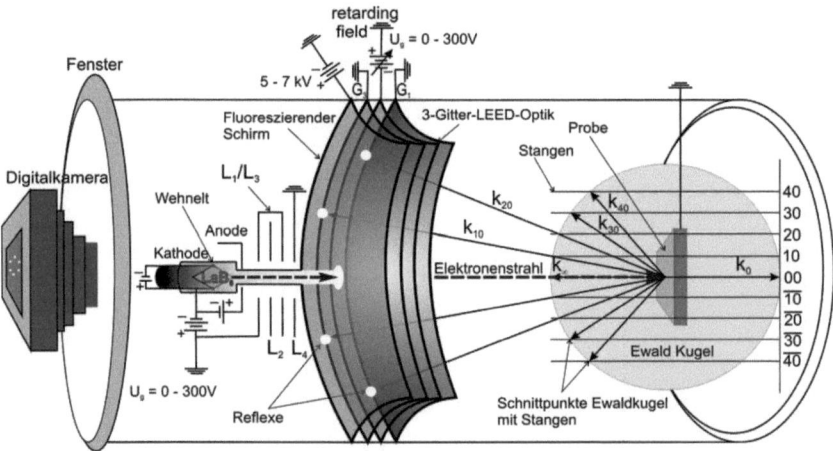

**Abb. 2.6:** Schematische Darstellung des verwendeten *backview*-LEED- Systems von Omicron mit einem $LaB_6$-Kristall als Elektronenemitter und der für dieses System charakteristischen 3-Gitter-LEED-Optik.

Interpretation des erhaltenen Beugungsbildes ist nun die so genannte *Ewald*-Kugel zu betrachten, die es erlaubt, die *Laue*-Bedingung für konstruktive Interferenz bei Streuung am 3D-Kristallgitter anschaulich darzustellen. Die *Laue*-Bedingung besagt dabei,

## 2.2. Beugungsmethoden

dass genau dann konstruktive Interferenz erhalten wird, wenn die Änderung des Wellenvektors beim Streuprozess gerade einem reziproken Gittervektor (Stangen in Abb. 2.6) entspricht. Dies bedeutet, dass sich bei elastischer Streuung am Gitter nur die Richtung des einfallenden Strahls ändert, nicht jedoch der Betrag des Wellenvektors, d.h. $\left|\vec{k}_i\right| = \left|\vec{k}_f\right|$, wobei $\vec{k}_i$ der einfallende und $\vec{k}_f$ der ausfallende Wellenvektor sind. Zur Vereinfachung der Darstellung sind *Ewald*-Kugel sowie der reziproke Raum in Abb. 2.6 in zweidimensionaler Weise illustriert. Die Position des einfallenden Wellenvektors $\left|\vec{k}_i\right|$ senkrecht zur Oberfläche markiert den Mittelpunkt der *Ewald*-Kugel und den 00-Spiegelreflex. In der Praxis ist dieser unter senkrechtem Einfall zur Probe durch die Elektronenkanone verdeckt. Der Kugelradius skaliert nun entsprechend der eingangs beschriebenen eingestellten Anodenspannung und der daraus resultierenden Energie $E_{kin}$ der Elektronen. Im Betrieb ist beim Verändern der Energie ein so genanntes „Atmen" der *Ewald*-Kugel um den 00-Reflex zu beobachten (vgl. Beugungsbilder in Abb. 2.7 erster (a-b) und zweiter (c) Ordnung der Cu(221)-Oberfläche). Die weiteren Beugungsreflexe entstehen dabei an den Schnittpunkten der ausfallenden Wellenvektoren $\left|\vec{k}_f\right|$ mit den reziproken Gittervektoren.

Da es sich bei LEED um eine mittelnde Methode handelt, lassen sich aus der Beschaffenheit der Beugungsreflexe Rückschlüsse auf die langreichweitige Ordnung der Oberfläche führen. In der Praxis sind scharfe Beugungsreflexe ein Indikator für langreichweitig hoch geordnete Oberflächen, während entsprechend breitere Beugungsreflexe umgeben von diffuser Hintergrundstreuung auf eine defektreiche Oberfläche mit kleineren Domänen oder eine verunreinigte Oberfläche mit ungeordneten Adsorbaten deuten. Mit Hilfe der *scanning probe* Analysesoftware (SPIP) lässt sich dies nun weiter verifizieren, in dem Profilinien über die Beugungsreflexe gelegt werden und anschließend deren Halbwertsbreite - *engl. full width half maximum (FWHM)* - bestimmt wird. Auf einem „idealen" Kristall mit einer perfekten periodischen Anordnung der Streuzentren an der Oberfläche, wäre die minimal mögliche *FWHM* der LEED-Reflexe allein durch die Eigenschaften des LEED-Gerätes, wie beispielsweise den Aparaturspezifischen Durchmesser und die Energie des LEED-Primärstrahls, bestimmt. Über: $FWHM = 2\pi/L$ lässt sich aus der Halbwertsbreite nun die Kohärenzlänge $L$ bestimmen. Idealerweise wird für $L$ dabei ein Wert der dem Elektronenstrahldurchmesser entspricht, also ca. 1 mm erhalten. Im realen Fall wird für $L$ aber mit maximal ca. 100 Å ein wesentlich kleinerer Wert erhalten, da der Strahl nicht perfekt parallel ist, sondern divergiert. Des Weiteren ist die Sichtbarkeit von Reflexen höherer Beugungsordnung ein guter Indikator für die Güte der Ordnung einer Oberfläche.

### 2.2.2 Röntgendiffraktometrie (XRD)

Bei einer weiteren Beugungsmethode wird zur Strukturaufklärung der geordneten dünnen Filme mit einer nominellen Schichtdicke > 20 $nm$ Röntgenstrahlung eingesetzt. Die Standardmethode zur Bestimmung der kristallinen Phasen von Molekülfil-

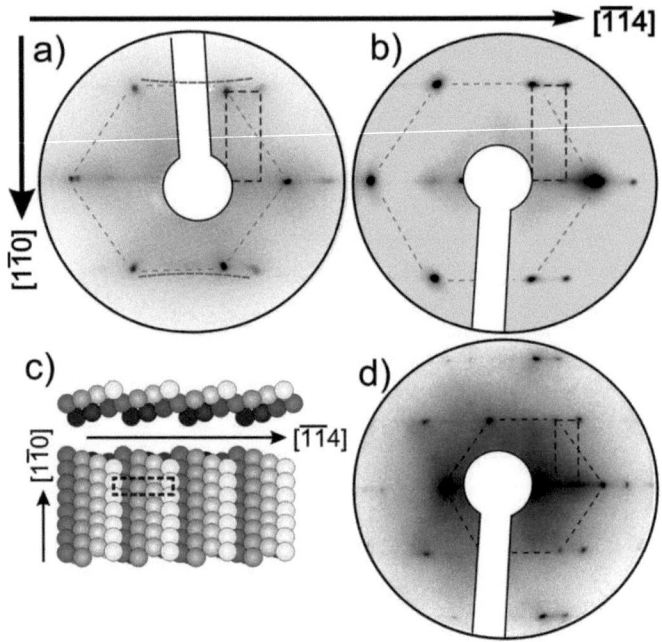

**Abb. 2.7:**
Die Abbildungen a-b) zeigen zwei invertierte LEED-Bilder der ersten Beugungsordnung einer adsorbatfreien Cu(221)-Oberfläche. Teilbild a) zeigt die leicht tonneverzerrte (angedeutet mittels rot gestrichelter Linien) Aufnahme eines MCP-LEED aufgenommen bei 179 eV und Teilbild b) die unverzerrte Aufnahme bei 84 eV eines *backview*-LEED Systems. In c) ist die dazugehörige Oberfläche in einem schematischen Kugelmodel in Auf- und Seitenansicht illustriert. In d) ist das Beugungsbild zweiter Ordnung der Cu(221)-Oberfläche ebenfalls des *backview*-LEED Systems bei 191 eV illustriert.

men nutzt dabei, anders als LEED, die Beugung von hochenergetischen Photonen einer elektromagnetischen Welle (Cu $K_\alpha$-Anode mit der Wellenlänge $\lambda = 1{,}54051$ Å) am Kristallgitter. Da die Röntgenstrahlung dabei eine wesentlich höhere Energie ($\tilde{8}$ KeV) und die mittlere freie Weglängen der Photonen im Festkörper wesentlich größer ist, dringt diese wesentlich tiefer ein als die Elektronen beim LEED. Dadurch handelt es sich nicht um eine rein oberflächensensitive Methode, sondern es werden auch Informationen über die Volumenkristallstruktur gewonnen. Im Rahmen dieser Arbeit wurden Röntgendiffraktometrie - *x-ray diffraction (XRD)* - Messungen *ex situ* an zuvor im UHV präparierten Proben durchgeführt. In Kooperation mit Dr. H. Parala sind dafür $\theta/2\theta$ Scans in einem in *Bragg-Brentano*-Geometrie arbeitenden Diffraktometer realisiert worden. Das Gerät verfügt dabei über einen positionssensitiven Detektor.

In den erhaltenen Spektren ist dann der Winkel $2\theta$ gegen eine Intensität aufgetragen. Ein Vergleich mit gerechneten Pulverdiffraktogrammen aus der Literatur erlaubt es nun eine Zuordnung der Peaks vorzunehmen und damit die vorhandenen Ebenen der jeweiligen kristallinen Phasen zu bestimmen. Die Intensitäten sind dabei Indikator für die Dominanz einer entsprechenden kristallinen Phase des Molekülfilms. Die Berechnung der Spektren findet mit Hilfe des Visualisierungs- und Analyseprogrammes *Mercury*, von der *Cambridge crystal structure database (CCSD)* statt. Für die Kalibrierung des $\theta$-Winkels ist der Substratpeak als Referenz zu verwenden. Für weiterführende Details wird auf die Lehrbücher von Birkholz und Spieß *et al.* verwiesen [144, 145].

## 2.3 Spektroskopie Methoden

### 2.3.1 Thermodesorptionsspektroskopie (TDS)

Für eine gezielte Untersuchung mit unterschiedlichen Charakterisierungsmethoden ist es in vielen Fällen äußerst hilfreich zunächst das thermische Desorptionsverhalten von Molekülen auf einer Oberfläche zu kennen. So empfiehlt es sich für die Charakterisierung (beispielsweise mittels STM) von monomolekularen Filmen zunächst Präparationsrezepte mit Hilfe der Thermodesorptionsspektroskopie - *engl. thermal desorption spectroscopy (TDS)* - zu erarbeiten, mit denen gezielt - unter der Voraussetzung einer Chemisorption - Monolagenfilme erzeugt werden können. Da viele organische Halbleitermoleküle dazu tendieren mit Beginn des Wachstums der zweiten Moleküllage zu entnetzen (*Stranski-Krastanov*-Wachstum) [146] und nicht schichtweise (*Frank van der Meerve*-Wachstum) zu wachsen, ist eine gängige Präparationsmethode eines monomolekularen Films, einen aufgedampften dickeren Film durch gezieltes Tempern zu desorbieren (vgl. dazu auch Abb. 2.10). Gleichzeitig wird dabei den vorhandenen Molekülen der Monolage Energie für eine Erhöhung der Ordnung zugeführt. Ob und bei welcher Temperatur ein solches Rezept an einem System aus Molekül und Substrat funktioniert, wird daher häufig zunächst mit Hilfe von TDS analysiert. Es ist zu bemerken, dass dies alles nur bei einer chemisorbierten ersten Monolage funktioniert.

Im Rahmen dieser Arbeit wurden TDS Messungen in Kooperation von Ch. Schmidt und Dr. D. Käfer durchgeführt und zur Charakterisierung des thermischen Verhaltens von molekülkristallinen Adsorbatfilmen auf unterschiedlichen Substraten genutzt [147]. Dafür werden, mit Hilfe eines Schwingquarzes gegenkalibrierte, definierte organische Schichten auf Oberflächen aufgedampft und anschließend durch gezieltes Heizen im Form von Temperaturrampen (übliche Steigung $\beta= 0,5$ K/s) desorbiert. Während des Durchlaufens eines möglichst linear verlaufenden Temperaturprotokolls (Steuerung über PID-Regler) findet eine massenselektive Detektion der Desorptionsprodukte mit Hilfe eines Quadrupolmassenspektrometers statt. An dessen Detektorseite befindet sich ein Trichter, die so genannte Feulner-Kappe [148], die während des Experiments in unmittelbarer Nähe zur Oberfläche für eine kanalisierte Detektion der Moleküle sorgt und damit ein Verfälschen der Messung durch Desorptionsprodukte, beispielsweise vom Probenhalter, verhindern soll. Für die Detektion der in der Arbeit verwendeten schweren Moleküle ist zu beachten, dass auf Grund der Limitation der maximal detektierbaren Masse des verfügbaren Spektrometers von 300 amu, im Falle von Perfluoro-Pentacen nur charakteristische Fragmente detektiert werden konnten.

Als Ergebnis wird ein Spektrum erhalten, bei dem die Temperatur gegen ein Intensitätssignal des detektierten Fragmentions oder Molekülions aufgetragen ist. In Abhängigkeit von der aufgebrachten Schichtdicke lassen sich für das eingangs beschrieben Beispielrezept daraus die nötigen Informationen beziehen. So weist beispielsweise ein in [108] gezeigtes Spektrum für Pentacen auf Au(111) zwei deutlich voneinander getrennte Desorptionspeaks bei unterschiedlichen Temperaturen auf. Für eine gezielte Präparation einer Monolage PEN auf Au(111) wäre in diesem Fall eine Temperatur oberhalb der Multilagendesorptionstemperatur (Ansatz des ersten Peaks auf der T-Achse) und unterhalb der Monolagendesorptionstemperatur (Ansatz des zweiten Peaks) zu wählen. Neben Präparationsrezepten lassen sich mit Hilfe der TDS auch noch weitere Charakteristika, wie beispielsweise die Adsorptionsenergie bestimmen und damit Aussagen über die Art der Molekül-Substrat Wechselwirkung treffen. Weiterführende Details zu Thermodesorptionsspektroskopie finden sich beispielsweise in Lehrbuch von H. Lüth [149].

### 2.3.2 Nahkanten Röntgenabsorptionsspektroskopie (NEXAFS)

Für die Charakterisierung der elektronischen Wechselwirkung sowie zur Bestimmung der Orientierung von Molekülen relativ zum Substrat wurden in Teilprojekten Messungen mittels Nahkanten Röntgenabsorptionsspektroskopie - *engl. Near Edge X-Ray Absorption Fine Structure (NEXAFS)* - durchgeführt. Diese wurden an der Dipol Beamline (HE-SGM) am Berliner Elektronenspeicherring von Dr. D. Käfer in Kooperation durchgeführt, weshalb im Folgenden nur die experimentspezifischen Eigenheiten erläutert werden sollen und für weiterefühende Details bezüglich der Methodik auf Lehrbücher [150, 151] sowie auf Ref. [152] verwiesen wird.

Bei NEXAFS verwendet man nun (im Gegensatz zu XPS) durchstimmbare monochromatische Strahlung mit Energien in der Nähe der Röntgen-Absorptionskante eines Elements, die es ermöglicht, Elektronen statt ins Vakuum in unbesetzte Molekülorbitale wie $\pi^*$- oder $\sigma^*$-Orbitale anzuregen. Das Übergangsdipolmoment $\vec{T}$ für die Anregung von C$1s$ in diese Molekülorbitale ist dabei gerichtet. Bei Verwendung von linear polarisiertem Licht unter verschiedenen Einfallswinkeln kann der Dichroismus quantitativ zur Bestimmung der Orientierung der Moleküle ausgewertet werden.

## 2.3. Spektroskopie Methoden

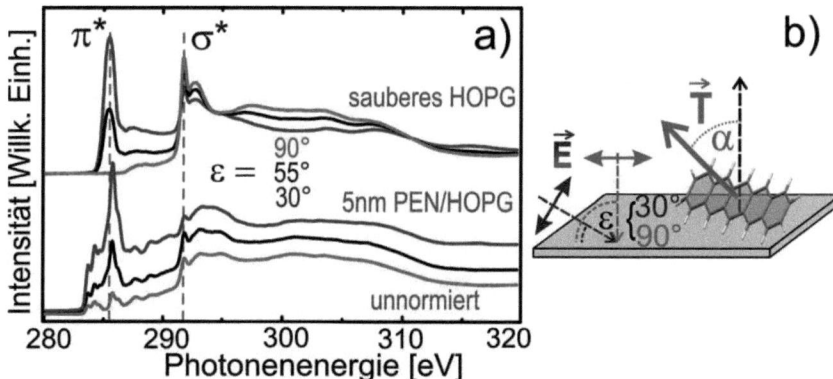

**Abb. 2.8:** Die Abbildung zeigt in a) eine Serie von C1s NEXAFS Spektren von sauberem Graphit sowie eine Serie unnormierter Spektren von mit Pentacen bedecktem Graphit. Alle Spektren wurden entsprechend der farbigen Kennzeichnung der Kurven für unterschiedliche Orientierungswinkel $\epsilon$ des elektrischen Feldvektors $\vec{E}$ relativ zur Oberflächennormalen aufgenommen (vgl. Abb. b).

Bei der Charakterisierung von aromatischen Molekülen mittels NEXAFS ergibt sich auf Graphit die Schwierigkeit, dass im Gegensatz zu Studien, in denen das Verhalten auf Metallen [80, 110, 153], oder auf SiO$_2$ [108] untersucht wurde, die charakteristischen $\pi^*$- Resonanzen der C1s-Signatur der Moleküle von denen des Substrates teilweise überlagert werden. (vgl. Signaturen der sauberen HOPG Oberfläche mit der des bedeckten Substrates in Abb. 2.8 a). Für eine Auswertung der Spektren ist es daher zunächst wichtig, in einem Referenzspektrun der reinen Graphitoberfläche, die Resonanzen des Substrats mit Hilfe eines Literaturspektrums [154] zuordnen zu können. Um dann anschließend die eigentliche Signatur des Molekülfilms auf dem Substrat zu erhalten, ist vor der Normierung auf den Kantensprung das Substratspektrum vom Gesamtspektrum zu subtrahieren. Dabei ist eine Gewichtung bezüglich der aufgedampften Schichtdicke vorzunehmen, da die Intensität des Substratsignals vom Molekülfilm entsprechend abgeschwächt wird.

Anhand der daraufhin normierten Spektren, lassen sich dann über die Auswertung der charakteristischen $\pi^*$- und $\sigma^*$-Resonanzen Aussagen über die Molekül-Substrat Wechselwirkung sowie die relative Orientierung der Moleküle zum Substrat treffen. Dabei sind beispielsweise verbreiterte $\pi^*$-Resonanzen, wie sie für Pentacen auf den Metallen Cu, Ag und Au gefunden wurden [80, 110, 153], als Anzeichen für eine starke chemische Wechselwirkung zu deuten. Des Weiteren erlaubt die quantitative Analyse der Dichroismen in Abhängigkeit vom Orientierungswinkel $\epsilon$ des einfallenden elektrischen Feldvektors $\vec{E}$, Aussagen über den mittleren Verkippungswinkel $\alpha$ des Übergangsdipolmementes $\vec{T}$ (*engl. transition dipole moment (TDM)*) der Moleküle relativ zur Oberflächennormalen zu treffen (vgl. Abb. 2.8 b).

### 2.3.3 Röntgen- und UV-Photoelektronenspektroskopie (XPS und UPS)

Zur Bestimmung der Reinheit von Einkristalloberflächen sowie der Bestimmung der chemischen Zusammensetzung von Molekülfilmen wurden im Rahmen der Arbeit Röntgen- und UV-Photoelektronenspektroskopie - *engl. x-ray/ UV Photoelectronspectroscopy (XPS/UPS)* Messungen in Kooperation von Dr. D. Käfer und Dr. Ch. Schwalb durchgeführt. So ging es in zwei Teilprojekten um den Nachweis der Reinheit von Metalloxidoberflächen mittels XPS sowie um die Bestimmung der Austrittsarbeit mittels der oberflächensensitiven Methode der UPS. In einem weiteren Projekt sind zur Unterstützung der Erkenntnisse der Thermodesorptionsspektroskopie XPS-Messungen an organischen Filmen durchgeführt worden. Dabei ging es um den Nachweis der Intaktheit der Moleküle im Film nach einzelnen Temperschritten. Für Details zur Methodik soll auch hier auf entsprechende Lehrbücher, wie beispielsweise das von S. Hüfner, verwiesen werden [155].

## 2.4 Apparaturen

Die im Rahmen dieser Arbeit durchgeführten Experimente zu den im einleitenden Teil beschriebenen Fragestellungen wurden an diversen unterschiedlichen Apparaturen zur oberflächenspezifischen Charakterisierung realisiert. Dabei kamen sowohl Ultrahochvakuumapparaturen (UHV-Apparatur) als auch unter atmosphärischen Bedingungen arbeitenden Methoden an Instrumenten in Bochum, Berlin und Marburg zum Einsatz. Im Folgenden sind die apparaturspezifischen Kennungen der einzelnen Instrumente aufgelistet: Ein großer Teil der Präparationen und Experimente fand dabei in einer aus drei Vakuumkammern bestehenden UHV-Apparatur von Omicron statt, die über ein SPECTALEED-System sowie ein Raumtemperatur microSTM von Omicron verfügt. Im Rahmen der Arbeit ist für diese Apparatur, neben diversen technische Modifikationen bezüglich des vakuumspezifischen Aufbaus, eine Weiterentwicklung in Form einer Doppel-*Knudsen*-Zelle erarbeitet worden. Der in Abb. 2.9 schematisch dargestellte Aufbau, erlaubt es zwei unterschiedliche organische Materialien in der selben Position des Probenmanipulators aufzudampfen. Dadurch ist neben dem sukzessiven Aufbringen von Heteroschichten auch ein simultanes Verdampfen unterschiedlicher Moleküle möglich. Auf Grund der stark anwachsenden Nachfrage an ambipolaren Eigenschaften von organischen Schichten - beispielsweise für die in Kapitel 1.1.1 erwähnte organische Photovoltaik - ist auch das Interesses an der Untersuchung von derartigen Coverdampfung hergestellten organischen Heteroschichten rasant angestiegen [157, 158]. Die Weiterentwicklung ist damit nicht nur für das Erstellen unterschiedlicher organi-

## 2.4. Apparaturen

| Methode | eingesetzte Instrumente |
|---|---|
| STM 30-300 K im UHV | Jeol JSPM-4500S |
|  | Omicron VT-STM |
| STM 300 K im UHV | Omicron microSTM |
| STM 300 K an Luft | Agilent SPM 5500 |
|  | Jeol JSPM 4210 |
| AFM 300 K an Luft | Agilent SPM 5500 |
|  | Jeol JSPM 4210 |
|  | Digital Instruments SPM Nanoscope III |
| backview LEED | Omicron SPECTA LEED |
| MCP-LEED | OCI BDL 600-MCP |
| XRD | PANalytical X'Pert PRO |
| XRD | Bruker, D8 Advance |
| TDS | Quadrupol Balzers QMA 200 |
| XPS Röntgenquelle | SPECS XR50 |
|  | Leybold RH 63 |
| hemispärischer Energieanalysator | VSW HSA 150 |
|  | Leybold EA200 |
| UPS Gasentladungslampe | He 21,22 eV (HeI)$^3$ |
| NEXAFS | HE-SGM dipole beamline [156] |

**Tab. 2.1:** Apparaturen

scher Schichten (wie im Rahmen dieser Arbeit geschehen) geeignet, sondern entspricht auch Anforderungen für zukünftig anstehende Fragestellungen auf dem Gebiet von *soft matter*.

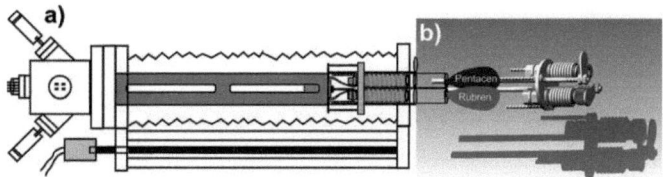

**Abb. 2.9:** Abbildung a) zeigt eine schematische Skizze der Weiterentwicklung des organischen Moleküldoppelverdampfers (*Knudsenzelle*) mit der Verschiebeeinheit und den entsprechenden Anschlüssen für Heizung, Thermoelemente und Kühlung sowie den Drehdurchführung für die *Shutter*. In b) ist eine 3-D CAD-Zeichnung des Verdampferkopfes mit den beiden *Knudsen*-Zellen und den *Shuttern* zu sehen.

## 2.5 Moleküle

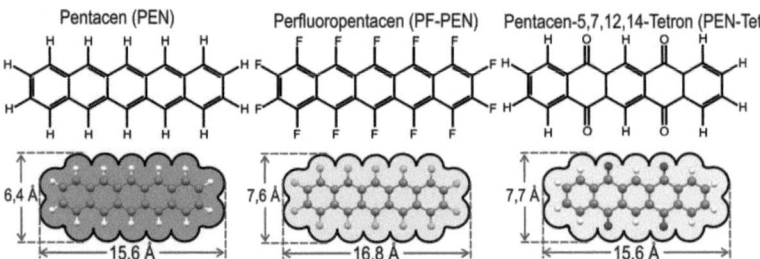

**Abb. 2.10:** Die Abbildung zeigt die Strukturformeln von Pentacen ($C_{22}H_{14}$), Pentacen-5,7,12,14-Tetron ($C_{22}H_{10}O_4$) und Perfluoropentacen ($C_{22}F_{14}$) sowie deren *van der Waals-* Dimensionen bestimmt über Dichtefunktionaltheorierechnungen (DFT) mit einem *cut off* bei 98% der Elektronendichte.

Im Folgenden sollen die im Rahmen dieser Arbeit verwendeten Polyacene aus dem großen Gebiet von *soft matter* vorgestellt werden. In Abbildung 2.10 sind die Strukturformeln Pentacen (PEN, $C_{22}H_{14}$), dem perfluorierten Derivat Perfluoropentacen (PF-PEN $C_{22}F_{14}$) sowie der Oxospezies Pentacen-5,7,12,14-Tetron (PEN-Tetron, $C_{22}H_{10}O_4$) dargestellt. Wie bereits im einleitenden Teil beschrieben ist Pentacen auf Grund seines stark delokalisierten $\pi$-Elektronensystems und der daraus resultierenden kleinsten Bandlücke unter den stabilen Polyacenen sowie den hohen Ladungsträgerbeweglichkeiten im Kristall einer der meist untersuchten oligomeren Halbleiter. Auf Grund der unterschiedlichen Moleküldimension, der andersartigen elektronischen Struktur sowie der daraus resultieren verschiedenen Kristallstruktur im Vergleich zum Pentacen, ist die Oxospezies Pentacen-Tetron ein weiteres interessantes Derivat für das Verständnis von Wachstum auf molekularer Ebene. Des Weiteren ist die Oxidation von Pentacenmolekülen in *Devices* eine der häufigsten Ursache von Fallenzuständen und damit auch für das Herabsetzen der Leitfähigkeit der molekülkristallinen Filme [159]. Daraus resultiert wiederum ein Verlangen nach dem Verständnis von substratabhängigen Wachstumsgeomtrien, die als unverzichtbare Basis für eine Charakterisierung der Elektronischen gilt. Als dritte Spezies rückt die erst seit wenigen Jahren begrenzt kommerziell verfügbare perfluorierte Variante des Pentacens immer mehr in den Fokus des Interesses [160–168]. Perfluoropentacen zeichnet dabei durch eine höhere Elektronenaffinität und Ionisationsenergie sowie ein vermindertes Oxidationsvermögen im Vergleich zu Pentacen aus. Auf der anderen Seite ist es auf Grund seiner n-leitenden Eigenschaften und der Ähnlichkeit des molekularen Rückgrats zum Pentacen ein aussichtsreicher Kandidat für Realisierung von bipolaren Transistoren [169, 170] und komplementären Schaltkreisen aus Heterostrukturen der beiden Moleküle [158, 171, 172]. Des Weiteren geht aus theoretischen Berechnungen hervor, dass die HOMO-LUMO Bandlücke vom PEN (2,21 eV) zum PF-PEN auf 2,02 eV gesenkt wird (vgl. dazu auch Abb. 1.4 b) [157, 173].

Alle verwendeten Derivate eignen sich besonders gut für die Sublimation im Vakuum mittels einer beispielsweise in Abb. 2.9 gezeigten *Knudsenzelle*, da sie bei Raumtemperatur einen sehr niedrigen Dampfdruck aufweisen. Dabei liegen die Sublimationstemperaturen (im Vakuum) alle im Bereich zwischen ca. 450 - 520 K und damit noch deutlich unterhalb der Zersetzungstemperaturen. Des Weiteren sind die mittels Sublimation hergestellten molekularen Schichten auf Grund des niedrige Dampfdrucks auch bei Raumtemperatur über einen längeren Zeitraum stabil. Im Falle von PF-PEN und PEN-Tetron, auf Grund der Oxidationsbeständigkeit auch an Luft.

## 2.6 Substrate und Oberflächen

Wie bereits im einleitenden Teil beschrieben war eine Intention der Arbeit, geeignete Substrate und Substratklassen herauszustellen, die in der Lage sind, als Templat für ein epitaktisches Wachstum von Multilagen Pentacen- und Pentacenderivatfilmen zu fungieren. Für eine fundierte Bestimmung von Wachstumstendenzen war daher neben einer möglichst große Bandbreite an unterschiedlicher Molekülsubstratwechselwirkung sowie dem Einfluss anisotroper Oberflächen, auch die Bedeutung der Relationen von atomaren Gitterabständen zur Dimension der Moleküle, auf das resultierende Wachstum zu untersuchen. Es sind daher Substrate angefangen von starker chemischer Wechselwirkung über schwach *van der Waals*-wechselwirkende, bis hin zu nahezu vollständig inerten, wie beispielsweise $SiO_2$ (Physisorption bei schwacher Wechselwirkung), zunächst in definierter Form zur Verfügung zu stellen und anschließend ist das Wachstum der in Abschnitt 2.5 vorgestellten Moleküle auf ihnen zu charakterisieren. Im Folgenden sollen die im Rahmen der Arbeit verwendeten Oberflächen und Substrate vorgestellt und eine Motivation für deren Verwendung gegeben werden (vgl. Abb. 2.11).

Für die Wahl der geeigneten Substrate, die als Templat für das Wachstum von Molekülfilmen dienen sollen, konnte in der Arbeitsgruppe gerade auf dem Gebiet der metallischen Oberflächen auf eine weitreichende Expertise, einerseits an Rezepten für die Präparation als auch an bereits durchgeführten Wachstumsstudien, zurückgegriffen werden. Des Weiteren gibt es neben denen in der Arbeitsgruppe entstandenen Studien auch eine Reihe von Studien anderer Forschergruppen, die ein epitaktisches Wachstum von Molekülmonolagen auf isotropen [78–80, 82, 83, 87] und anisotropen [85, 88–90] metallischen Oberflächen gezeigt haben.

Auch gibt es bereits eine Reihe von Studien die epitaktische Relationen von monomolekularen Filmen auf gestuften Cu-Obeflächen gezeigt haben. Lukas *et al.* konnten beispielsweise Epitaxie der kürzeren Acene Naphthalin und Athracen auf den gestuften Kupferoberflächen Cu(221) und Cu(443) zeigen [174]. Weiterhin wurde in Studien

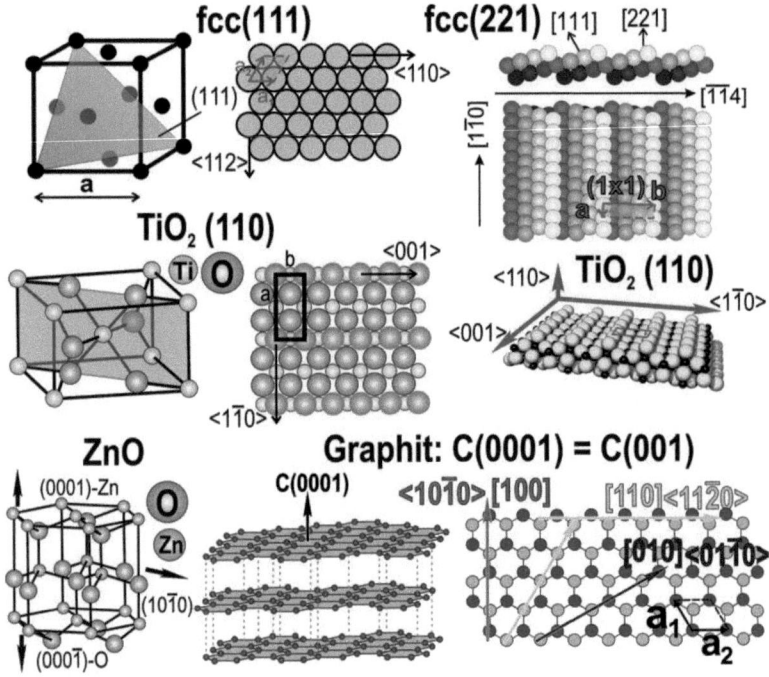

**Abb. 2.11:**
Die Abbildung zeigt in schematischer Weise die Strukturen der verwendeten Kristalle sowie die verwendeten Oberflächen.

| Substrat | $a_1$ [Å] | $a_2$/b [Å] |
|---|---|---|
| Ag(111) | 2,89 | 2,89 |
| Cu(221) | 2,55 | 7,65 |
| TiO$_2$ | 6,50 | 2,96 |
| ZnO (000$\bar{1}$)-O | 3,28 | 3,28 |
| ZnO (0001)-Zn | 3,28 | 3,28 |
| ZnO (10$\bar{1}$0) | 3,28 | 3,18 |
| Graphit | 2,46 | 2,46 |

**Tab. 2.2:** Einheitszellenparameter der verwendeten Substrate

von PEN auf gestuften Cu-Oberflächen [93–95, 175, 176] ebenfalls die Präsenz geordnete Monolagenfilme belegt. Neben der Ag(111) Oberfläche kann die gestufte Cu(221) Oberfläche daher als aussichtsreicher „Kandidat" für epitaktisches Wachstum auf me-

## 2.6. Substrate und Oberflächen

tallischen Oberflächen gelten.

Exemplarisch für ein schwach wechselwirkendes Substrat, das ebenfalls eine Korrugation auf atomarer Ebene zu Verfügung stellt (Rillenmuster), wurde die nahezu inerte Metalloxidoberfläche $TiO_2$ (110), auf seine Eignung als Templat untersucht (vgl. Abb. 2.11). Die ebenfalls im Rahmen der Arbeit verwendeten unterschiedlichen ZnO Oberflächen standen auf Grund der Ähnlichkeit ihrer Wechselwirkungseigenschaften zum $TiO_2$ (110) nur am Rande der Wachstumsstudien, weshalb sich im Ergebnisteil auf die Charakterisierung der reinen Substrate beschränkt wird.

Als dritte Klasse der Wechselwirkungen wurde das schwach interagierende, pyrolytisch abgeschiedene Graphit - *engl. highly oriented pyrolytic graphite (HOPG)* - für Wachstumsstudien verwendet. *HOPG* bietet sich gerade auf Grund der großen Ähnlichkeit zwischen seinem Gitter und der Dimensionen des molekularen Kohlenstoffrückgrats der untersuchten Polyacene besonders an, da es erlaubt, die Notwendigkeit der Passung zwischen atomarer Korrugation und den Molekülen zu untersuchen.

# Kapitel 3

# Ergebnisse zum Wachstum organischer Filme auf Metallen

In diesem Kapitel werden die Ergebnisse zum Wachstum von Pentacen sowie der Oxospezies PEN-Tetron auf der anisotropen Cu(221) Vicinaloberfläche sowie das Wachstum von PF-PEN auf der Ag(111) Oberfläche vorgestellt. Im Anschluss an die Darstellung der jeweiligen Ergebnisse findet sich eine Diskussion sowie eine Einordnung dieser im Kontext Literatur.

## 3.1 Pentacen auf Cu(221)

Es ist bekannt, dass viele organische Molekülkristalle auf metallischen Oberflächen dazu neigen in der ersten Monolage in einer geordneten Vorzugsorientierung zu adsorbieren [177]. Dabei wird in vielen Fällen, wie bereits im einleitenden Teil für PEN auf diversen isotropen und anisotropen Vicinaloberlächen beschrieben, eine entsprechend des verwendeten Metalls - verursacht durch die unterschiedlichen Oberflächeneinheitszellen - unterschiedliche Packungsdichte beobachtet. Neben der Verwendung von anisotropen Substraten, wie beispielsweise für Pentacenfilme auf rekonstruiertem Au(110) [84–86], Cu(110) [110] und rekonstruiertem Cu(110)-(2×1)O [97] beobachtet, verfolgt die Verwendung von gestuften Substraten einen ähnlichen Ansatz der Verwendung eines Templates mit einem diskreten Muster. Ziel dieser Studie ist nun die Charakterisierung der Reaktion des Wachstumsverhaltens von Pentacen und PEN-Tetron, auf - im Vergleich zu den isotropen (111)- und (100)-Oberflächen - veränderte Vorgaben bezüglich der zur Verfügung stehenden Fläche für die Adsorption der ersten Monolage, sowie dem Wachstum der darauffolgende Molekülschichten. Im konkreten Fall der gestuften Cu(221)-Vicinaloberfläche bedeutet dies, dass die Breite der (111)-orientierten Terrassenstufen der vicinalen Oberfläche entlang der [$\overline{1}14$] Azimutrichtung (Periodizität der Stufen 7,65 Å) als diskretes Raster für PEN-Moleküle mit einer *van der Waals*-Breite von (6,4 Å) dienen soll (vgl. Einheitszellenvektor $a_2$ von fcc(221) in Abb. 2.11 mit den *van der Waals*- Dimensionen von Pentacen in Abb. 2.10). Auf Grund der Erkenntnisse aus früherer Studien, in denen die Adsorption von PEN auf der Cu(119)-Vicinalberfläche - deren Terrassenstufen eine (001)-Orientierung aufweisen - untersucht wurde [94, 95, 178, 179], sowie Studien zum Wachstum von $C_{60}$ [176], Ethen und den kleineren Polyacene (Naphthalen und Anthracen) ist auf der auch hier verwendeten Cu(221)-Oberfläche [174] zu erwarten, dass eine planare Adsorptionsgeometrie mit einer epitaktischen Relation [87] erhalten wird. Im Vergleich zur Adsorption auf der (111)-Oberfläche - die Terrassenstufen der vicinalen (221)-Oberfläche weisen eine (111)-Orientierung auf - ist eine nicht vollständig dicht gepackte Adsorptionsgeometrie zu erwarten, in der die Moleküle auf Grund der diskreten Stufenabstände weiter voneinander separiert einrasten als auf der langreichweitig atomar glatten (111)-Oberfläche.

Im weiteren Verlauf soll dann der Einfluss dieser Separation auf das Wachstum von Multilagenfilmen untersucht und mit dem Multilagenwachstum auf der ebenfalls anisotropen Cu(110)-Oberfläche verglichen werden. Wie bereits im einleitenden Teil erwähnt, wurde dabei nach einer epitaktisch gewachsenen Monolage und darauf folgendem bulkristallinen Wachstum im *Herringbone*-Muster mit Moleküllängsachsen parallel zum Substrat, für das Wachstum in dickeren Filmen eine Reorientierung mit aufrecht orientierten Molekülen gefunden, die dabei keinerlei epitaktische Relation zum Substrat aufweisen [110].

Bei der Präparation der gestuften Obeflächen ist nun zu berücksichtigen, dass in früheren Studien zur Untersuchung von gestuften Cu-Oberflächen festgestellt wurde, dass sich die Vicinaloberflächen unter partiellem $O_2$-Druck gezielt sowohl rekonstruieren (in Ref. [180] für die (221)-Orientierung gezeigt) als auch facettieren (in Ref. [181–183] unter anderem für die (221), (332), (443), (115) und (119)-Orientierungen gezeigt) lassen. Es ist also bei der Bereitstellung der gestuften Oberflächen besonders darauf zu achten, dass „echte" UHV-Bedingungen innerhalb der Vakuumkammern herrschen. Auf Grund der Erkenntnisse aus früheren Studien zum Wachstum auf gestuften Oberflächen, in denen eine molekülinduzierte Rekonstruktion für PEN auf Cu(119) [94, 95], sowie für PTCDA auf Ag(775) [184], beschrieben wurde, gilt es den Fortbestand der Orientierung der Oberfläche nach der Moleküldeposition und dem anschließenden Heizen zu überprüfen.

Die verwendeten Kupferkristalle der (221)-Orientierung sind mit einer Güte von besser als 0,2° Fehlschnitt - *engl. miscut* - von früheren Arbeitsgruppenmitgliedern poliert worden. Für den Erhalt einer definierten Oberfläche sind diese nach dem Rezept von Lukas *et al.* [174] mittels zyklischem Reinigen durch $Ar^+$-Ionen Beschuss - *engl. sputtern* - (20 min bei 800 eV) und anschließendem Ausheilen durch Heizen (5 min bei 900 K) (vgl. Weg A in Abb. 4.1) im UHV präpariert und anschließend mittels LEED auf ihre Ordnung überprüft worden. Die Cu(221)-Oberfläche weist dabei Terrassen der (111)-Orientierung auf, die durch dicht gepackte monoatomare Stufen entlang der [$1\bar{1}0$] Azimutrichtung getrennt sind. Der Winkel zwischen der Terrassenebene und der makroskopischen Oberfläche beträgt 15,8° wodurch sich ein nomineller Stufenabstand von 7,65 Å ergibt. Ein typisches LEED-Bild der sauberen Oberfläche zeigt in Abb. 2.7 die charakteristische Aufspaltung neben den intensiven Reflexen der (111)-Ebene.

Das Beugungsbild resultiert dabei aus der spezifischen Geometrie der Vicinaloberfläche, die sich aus der Welligkeit der dichten Terrassenabfolge ergibt [185, 186]. Es ist zu bemerken, dass dabei einige Reflexe auf Grund der *out-of-Phase*-Bedingung nicht sichtbar sind.

### 3.1.1 Struktur der ersten Monolage

Auf der Grundlage von Erkenntnissen aus früheren Wachstumsstudien [88, 110, 156, 174], in denen unter anderem das Thermodesorptionsverhalten von Pentacen auf Cu-Oberflächen untersucht wurde, besteht die Möglichkeit, selektiv Monolagenfilme auf Cu-Oberflächen herzustellen. Für die Präparation einer wohl definierten Monolage wurde daher ein Multilagenfilm ($d_{nom}$ = 2-3 nm) bei Raumtemperatur aufgedampft und anschließend mittels Tempern auf 400-450 K für 5 Min. selektiv desorbiert, d. h. der gesamte Multilagenfilm bis auf die erste Monolage wird dabei sublimiert. Die daraufhin abgekühlte Oberfläche (Abkühlen auf 110 K zur Reduktion des durch niederenergetische, externe Vibrationsmoden hervorgerufenen großen *Debeye-Waller*-Faktors) zeigt im Beugungsbild, die in 3.1 a) abgebildete kommensurate (7×1) Überstruktur der adsorbierten Moleküle der ersten Monolage. Zur Verdeutlichung ist diese Überstruktur inklusive der Substratreflexe in Abb. 3.1 b) nochmals ausschnittweise schematisch dargestellt. Dabei sind neben den im Beugungsbild sichtbaren Reflexen der Überstruktur auch die auf Grund der *out-of-Phase* Bedingung im LEED nicht sichtbaren Spots eingezeichnet. An dieser Stelle sei bemerkt, dass sich Beugungsbilder vom Adsorbat nur mit dem channel plate LEED System aufnehmen ließen, da die Strukutur auf Grund der wesentlich höheren Energie im *backview*-LEED nach wenigen Augenblicken zerstört war.

Um nun die lokale Adsorption der Moleküle der ersten Monolage weiter zu charakterisieren, wurden Raumtemperatur-STM-Aufnahmen an entsprechend dem beschriebenen Rezept präparierten Filmen durchgeführt. Konsistent zu den Beugungsbildern wird dabei in hochaufgelösten STM-Bildern die in Abb. 3.1 e) rot gestrichelt markierte rechtwinklige Einheitszelle erhalten. Aus den in Teilbild 3.1 g) dargestellten Höhenprofillinien - *engl. line scans* - ergibt sich nun eine Korrugation in $[\overline{11}4]$ Azimutrichtung mit $\Delta d$ = 8 ± 0,5 Å, sowie in $[1\overline{1}0]$ -Richtung eine Periodizität von ($\Delta d_=$17 ± 1 Å). Diese Formanisotropie der Periodizität ist zunächst einmal in Einklang mit den in Abb. 2.10 illustrierten *van der Waals*-Dimensionen (15,6 Å × 6,4 Å × 2,4 Å) des Moleküls zu sehen und bestätigt des Weiteren die aus den Beugungsdaten erhaltene planare Adsorptionsgeometrie der Moleküle. Bei genauer Betrachtung der *van der Waals*-Dimensionen wird dann auch deutlich, dass es sich nicht um eine vollständig dicht gepackte erste Monolage handelt, sondern, dass das Muster der Stufen sowie die atomare Korrugation auf den Stufen in $[\overline{11}4]$ Azimutrichtung eine diskrete Separation vorgibt. Des Weiteren sind auch in $[1\overline{1}0]$ Richtung Lücken zwischen den Molekülen zu beobachten, auf Grund dessen, evident zu den LEED-Bildern, von

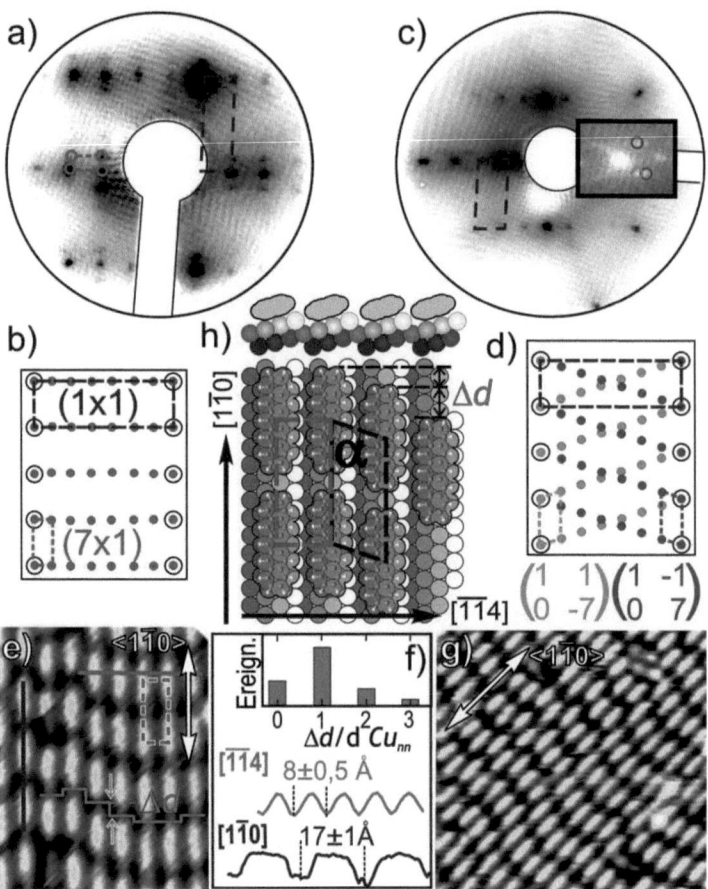

**Abb. 3.1:** Abbildung a) und c) zeigen LEED-Bilder - aufgenommen bei 110 K (175 eV (a), 244 eV (b)) - der Adsorbatstruktur der ersten Monolage Pentacen auf Cu(221). In den Teilbildern b) und d) sind zur Verdeutlichung der Beugungsreflexe schematische Ausschnitte der in a) und c) gezeigten Beugungsbilder illustriert. Die hochaufgelösten Raumtemperatur STM-Aufnahmen ($U_{Probe}$= -0,5 V, I= 50 pA) in f+h) zeigen die lokale Anordnung der Moleküle auf der Oberfläche. Aus den *Linescans* in g) geht die molekulare Oberflächenkorrugation hervor. In h) sind die erhaltenen kommensuraten Einheitszellen der Überstrukturen schematisch auf der gestuften (221)-Oberfläche abgebildet.

einer diskreten Registrierung zum Substrat gesprochen werden kann. Da es nun nicht gelungen ist das Kupfersubstrat in atomarer Auflösung abzubilden und damit die ex-

## 3.1. Pentacen auf Cu(221)

akten Adsorptionsplätze zu bestimmen, wurden die von Lagoute et al. in Ref. [87] mittels Tieftemperatur-STM-Aufnahmen von einzelnen PEN-Molekülen auf Cu(111) bestimmten Positionen für die Erstellung der weiteren Verlauf gezeigten Modelle verwendet. Es wird darin beschrieben, dass es eine Präferenz für die Adsorption der aromatischen Ringe der Moleküle auf den *hollow* Plätzen gibt.

Bei genauer Betrachtung der lokalen Ordnung innerhalb der STM-Aufnahmen fällt nun auf, dass sich mittels einer rechtwinkligen Einheitszelle nicht die relative Anordnung aller Moleküle beschreiben lässt, sondern sich teilweise eine mäanderförmige Anordnung abzeichnet. Aus diesem Grund wurde über dem in Abb. 3.1 g) gezeigten Scanbereich eine statistische Auswertung der relativen lokalen Ordnung der Moleküle zueinander vorgenommen. Dabei wurde konsistent zu den Erkenntnissen aus den Beugungsdaten eine diskrete Adsorption der Moleküle auf dem Substrat zugrunde gelegt und damit eine normierte relative Verschiebungseinheit $\Delta d/dCu_{nn}$ der Moleküle in $[1\bar{1}0]$ Azimutrichtung definiert. Die Auswertung $\Delta d$ (vgl. grüne Linie in Abb. 3.1 e) ergibt nun den im Balkendiagramm in Abb. 3.1 f) dargestellten relativen Versatz der Moleküle. In 24 % der Fälle liegen benachbarte Moleküle exakt nebeneinander ((7×1) Überstruktur, rechtwinklige Einheitszelle), in 57 % der Fälle liegen benachbarte Moleküle auf einem, um einen Atomradius des Cu Substrates (2,55 Å in $[1\bar{1}0]$ Richtung) verschobenen Adsorptionsplatz, in 16 % der Fälle einen um zwei und in 3% der Fälle einen um drei Atomradien verschobenen diskreten Platz (*hollow*) ein.

In reproduzierenden Beugungsexperimenten lässt sich dieses beobachtete lokale Versatzmuster, wie in in Abb. 3.1 c) gezeigt, mittels LEED-Bildern belegen. Es wird dabei die mit den grünen und orangen Reflexen (zusätzlich vergrößerte Darstellung in schwarzer Umrandung) gekennzeichnete Adsorbatstruktur gefunden. Die in Abb. 3.1 d) nochmals schematisch dargestellten kommensuraten Überstrukturen sind als die Spiegeldomänen ( $\begin{smallmatrix} 1 & 1 \\ 0 & -7 \end{smallmatrix}$ ) und ( $\begin{smallmatrix} 1 & -1 \\ 0 & 7 \end{smallmatrix}$ ) zu identifizieren und mit dem Resultat der statistischen Auswertung der STM-Bilder in Einklang. Auf Grund der Reproduzierbarkeit beider Beugungsbilder (Abb. 3.1 a,c) und der Evidenz zu den gezeigten STM-Daten ist nicht von einer lokalen Fehlordnung der Moleküle auf der Oberfläche auszugehen, sondern von mindestens zwei nebeneinander existierenden Adsorptionsgeometrien. Es ist zu bemerken, dass eine um mehr als zwei Atomradien verschobene Anordnung nur in sehr seltenen Fällen der aufgenommenen STM-Bilder gefunden wurde und damit als lokale Fehlordnung zu identifizieren ist.

Die Erkenntnisse der Beugungsbilder sowie der lokal hochaufgelösten STM-Bilder sind in der Schemazeichnung in Abb. 3.1 h) zusammengefasst dargestellt. Neben der rechtwinkligen (7×1) Überstruktur ist eine Spiegeldomäne der dominierenden schiefwinkligen Einheitszelle $\alpha = 109°$ gezeigt. Des Weiteren sind zur Verdeutlichung der erhaltenen diskreten Versatzabstände $\Delta d$ die Atome der (221) Vicinaloberfläche mittels der Pfeile und der gestrichelten Linien angedeutet. Zur Charakterisierung der Langreichweitigkeit der adsorbierten Molekülmonolage wurden neben den Beugungsdaten auch STM-Messungen von größeren Bereichen an unterschiedlichen Positio-

48  Kapitel 3. Ergebnisse zum Wachstum organischer Filme auf Metallen

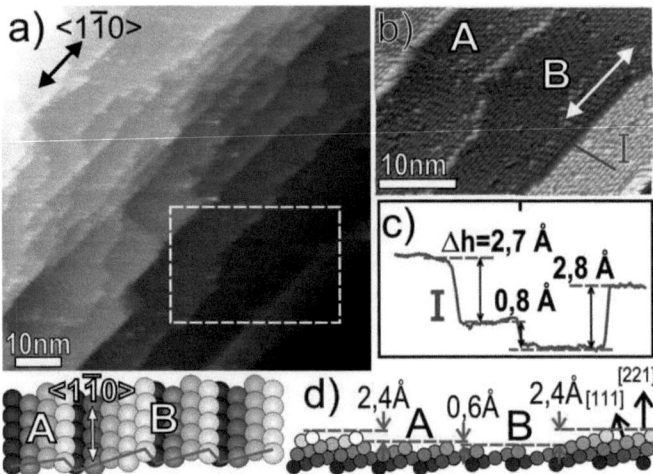

**Abb. 3.2:** Abbildung a) zeigt eine Raumtemperatur STM-Aufnahme ($U_{Probe}$= -0,5 V, I= 50 pA) einer langreichweitig geordneten Monolage Pentacen auf der vicinalen Cu(221) Oberfläche. Im vergrößerten Teilbild b) sind die, durch den *Fehlcut* der Oberfläche hervorgerufenen moleküldekorierten Fehlstufen zu sehen, deren Höhendifferenz aus dem *Linescan* I in c) hervorgeht. In der Illustration d) ist eine mögliche Fehlstufe der vicinalen (221)-Oberfläche schematisch einmal perspektivisch und einmal in Seitenansicht abgebildet.

nen auf den Proben durchgeführt. Abbildung 3.2 a) zeigt einen bei Raumtemperatur durchgeführten typischen STM-Scan eines solchen Bereiches (80 × 80 nm$^2$) der Probenoberlächen. Es ist eine langreichweitig geordnete erste Monolage Pentacen auf den durch den *miscut* hervorgerufenen Fehlstufen zu sehen. Dabei verlaufen deren Kanten entlang der [1$\bar{1}$0] Richtung. Bei genauer Betrachtung des in 3.2 b) gezeigten vergrößerten Teilausschnittes, zeigt sich die Ordnung der Stufendekoration in molekularer Auflösung mit den Molekülen entlang der [1$\bar{1}$0] Azimutrichtung orientiert. Im der Höhenprofillinie I, senkrecht zu Terrassen der Fehlstufen verlaufend, werden in Abb. 3.2 c) nun unterschiedliche Stufenhöhen beobachtet. Die Ursache der Höhenunterschiede von 0,8 ±0,3 Å und 2,7-2,8 ±0,3 Å ist nun in der Geometrie des Substrates zu suchen, da die Möglichkeit einer Bi- oder Multilage auf Grund des Temperaturprotokolls ausgeschlossen werden kann. Bei der Betrachtung der Modelle in Abb. 3.2 d) werden nun die möglichen Konstellationen von Fehlanordnungen der (221)-Oberflächenstufen deutlich. Auf Basis der bekannten Azimutrichtung und der gemessenen Fehlstufenhöhen, sind nun die mittels der rot gestrichelten Linien angedeuteten ensprechend umgeordneten Terrassen der (221) Vicinaloberfläche bestimmt worden. Dabei wird eine (111)-Terrasse um eine Atomreihe entlang der [1$\bar{1}$0]-Richtung

## 3.1. Pentacen auf Cu(221)

in [$\overline{1}\overline{1}4$] Richtung erweitert, um den in Relation zur *van der Waals*-Dicke des Moleküls geringen Höhenunterschied (0,6 Å von Bereich A nach B in Abb. 3.2 d) zu erklären. Für die weitere Charakterisierung der gestuften Oberfläche wurden in weiteren Mes-

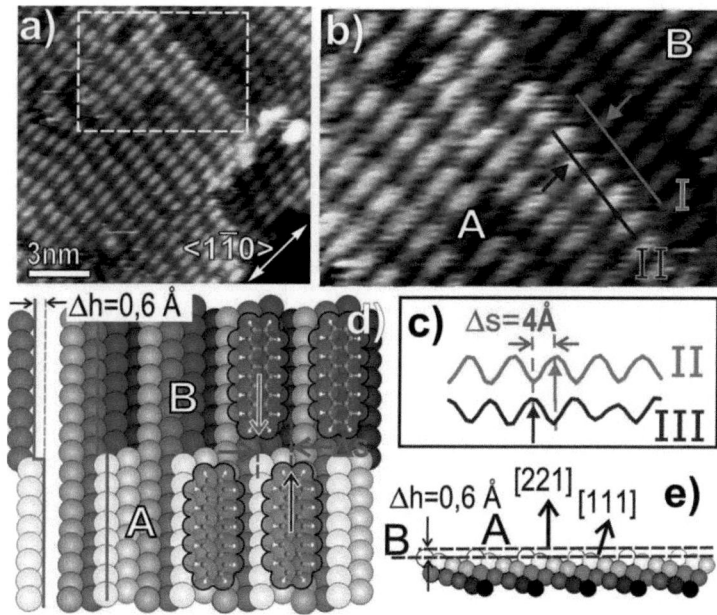

**Abb. 3.3:** Die Teilbilder a-b) zeigen Raumtemperatur (RT) STM-Messungen ($U_{Probe}$= -0,5 V, I= 50 pA) einer präparierten Monolage. Es verläuft eine Fehlstufenkante zwischen den Bereichen A und B orthogonal zur ⟨$1\overline{1}0$⟩-Azimutrichtung. Der Graph in c) zeigt zwei parallel verlaufende *Linescans* entlang der ⟨$\overline{1}\overline{1}4$⟩-Azimutrichtung auf den unterschiedlichen Niveaus der Terrassen. In d) ist der Stufenverlauf in schematischer Weise illustriert.

sungen die orthogonal zur [$1\overline{1}0$]-Azimutrichtung verlaufenden Stufen charakterisiert. Raumtemperatur STM-Messungen einer wie oben beschrieben präparierten Monolage und deren Vergrößerung in Abb. 3.3 a-b) zeigen dabei die mögliche Verlaufsrichtung dieser Fehlstufenkanten orthogonal zur [$1\overline{1}0$]-Azimutrichtug der Stufenkanten auf den Terrassen der vicinalen (221)-Oberfläche. Es fällt auf, dass die Moleküle im Bereich A, nicht auf einer Linie entlang der eingezeichneten Azimutrichtung adsorbiert sind, sondern einen Versatz in [$\overline{1}\overline{1}4$] Richtung aufweisen. Aus den in Teilbild 3.3 c) gezeigten, parallel zueinander aufgenommenen *Linescans*, geht neben der bekannten Korrugation von $\Delta d = 8 \pm 0,5$ Å hervor, dass die Moleküle im Bereich A, im Rahmen der Messungenauigkeit um genau eine halben Stufenbreite ($\Delta s = 4 \pm 0,5$ Å bzw. 7,65/2 Å) zu den Molekülen in Bereich B verschoben sind. Die Illustration in Teilbild

3.3 d) zeigt den Verlauf der Stufenkante zwischen den Bereichen A und B anhand eines schematischen Kugelmodells. Dabei wird aus der Seitenansicht aus (e) und (d) deutlich, dass für den Versatz von einer Stufen wiederum 0,6 Å Höhendifferenz erhalten werden. Es ist zu bemerken, dass sich eine Vermessung des Höhenunterschiedes in dieser Richtung anhand der STM-Daten mit den Adsorbatmolekülen als äußerst schwierig herausstellt, da die Korrugation zwischen den Molekülen, sowie die Verkippung der (111) orientierten Stufen nicht vernachlässigbar sind. Zur Veranschaulichung der Adsorptionsplätz sind nun auf dem Kugelmodell in Teilbild 3.3 d), die auch in b) mit den Pfeilen markierten Moleküle auf den Oberflächenbereichen A und B schematisch eingezeichnet. Aus dem Modell wird nun die eingezeichnete Längendifferenz des gemessenen Versatzes $\Delta s$ ersichtlich.

In früheren Studien zum Wachstum von PEN auf der gestuften Cu(119) Oberfläche wurde nun beobachtet, dass ein nachträgliches *Annealing* von Adsorbatfilmen zur Formierung von Mikrofacetten, bestehend aus Ebenen der (001) und (115) Orientierung, führt [94, 95]. Im Gegensatz dazu bleibt die pentacenbedeckte Cu(221) Oberfläche auch stabil. Es ist aber wie eingangs erwähnt zu bemerken, dass die gestufte Oberfläche sehr sensitiv auf geringste Mengen Sauerstoff reagiert. So wurde bereits bei der Dosierung von weniger als 0,1 L $O_2$ ähnlich wie in Ref. [180] für die Cu(211) Oberfläche eine Doppelstufenrekonstruktion beobachtet und unter Zugabe von weiterem Sauerstoff, wie bereits von Vollmer *et al.* in Ref. [181] beschrieben, eine Facettierung. Der erhöhte $O_2$-Haftkoeffizient - *engl. sticking coefficient* - der Vicinaloberfläche erfordert daher, wie bereits im einleitenden Teil erwähnt, besonders „gute" UHV-Bedingungen. So zeigte sich bereits bei Drücken schlechter als $5 \times 10^{-9}$ mbar eine merkliche Verschlechterung des LEED-Bildes, mit dem Verschwinden der Reflexaufspaltung sowie der Bildung von Streifen, was ein Indikator für das Vorhandensein inhomogener Stufen ist. Das Beugungsbild der sauberen Oberfläche zeigt dabei zwischen den Reflexen der (221) Oberfläche eine deutliche Intensität in Form von Streifen entlang $[\overline{11}4]$ Azimutrichtung (vgl. *Inset* in Abb. 3.4 a) mit dem Beugungsbild der (221) Vicinaloberfläche in Abb. 2.7 b).

Die Oberfläche, auf die im Anschluss nach der oben beschriebenen Methode (selektive thermische Desorption von aufgebrachten Multilagen) eine Monolage PEN präpariert wurde, zeigt im Übersichtsscan einer Raumtemperatur STM-Aufnahmen in Abb. 3.4 a) ein Streifenmuster entlang der $[1\overline{1}0]$ Azimutrichtung. Die Ausdehnung der Streifen erstreckt sich dabei in einigen wenigen Fällen über den gesamten Scanbereich, während die meisten Streifen durch eine Fehlstufe (vgl. Verlaufsrichtung der in Abb. 3.3 gezeigte), hervorgerufen durch den *Miscut*, unterbrochen sind. Aus *Linescan* I geht nun hervor, dass die Oberfläche neben den mikroskopischen Streifen eine mesoskopische Welligkeit aufweist. Das Substrat zeichnet dabei ein Rillenmuster mit einer Tiefe von $\Delta h = 3,5 \pm 0,3$ Å und einer Breite von ca. 60 Å aus. (vgl. dazu auch schematische Darstellung der Oberfläche in 3.4 d). Die hochaufgelöste STM-Aufnahme in Abb. 3.4 b) verdeutlicht nun die Adsorptionsgeometrie von flach liegenden Pentacen-

## 3.1. Pentacen auf Cu(221)

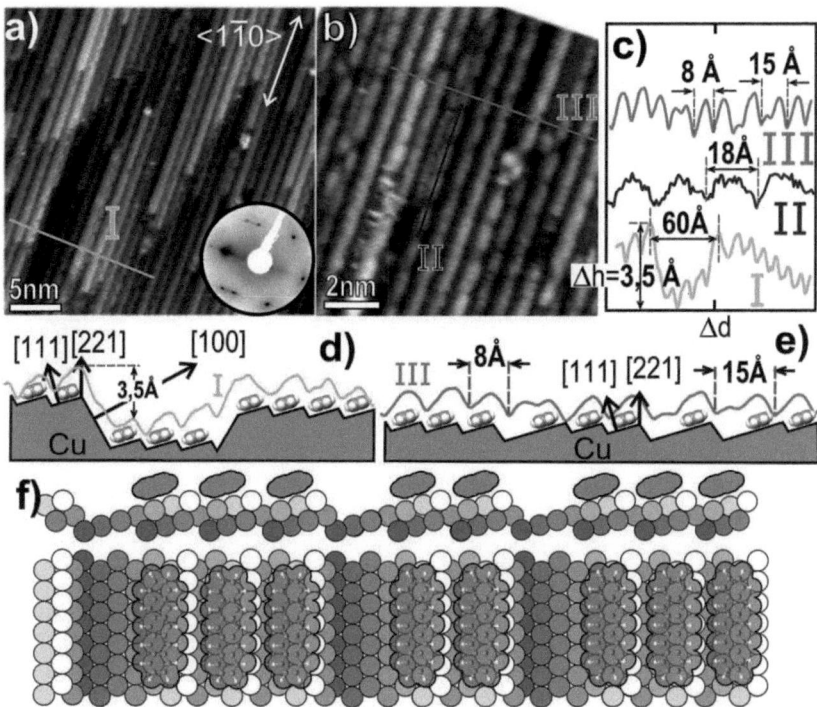

**Abb. 3.4:** Die Abbildungen a-b) zeigen Raumtemperatur STM-Aufnahmen ($U_{Probe}$= -2,0 V, I= 1,0 nA) einer Monolage Pentacen auf einer durch $O_2$-Dosierung teilweise rekonstruierten und facettierten vicinalen Cu(221)-Oberfläche (vgl. *Inset*, LEED-Bilder der sauberen rekonstruierten und facettierten Oberfläche in a), aufgenommen bei ca. 180 K (84 eV)). Aus den *Linescans* in c) gehen in I die mesoskopische Korrugation ($\Delta h$ = 3,5 ±0,3 Å), sowie auf mikroskopischer Skala die unterschiedlichen Terrassenlängen $\Delta d$ in III (8 ±1 Å bzw. 15 ±1 Å) hervor. Die Periodizität des *Linescans* II entlang der [1$\bar{1}$0]-Azimutrichtung beträgt 15 ±1 Å und belegt unter Berücksichtigung der erwähnten *van der Waals*-Dimensionen, die Adsorption von Molekülen auf den Stufen. In f) ist eine schematische Illustration der adsorbierten Moleküle auf der teilweise Doppelstufenrekonstruierten (221)-Oberfläche dargestellt.

molekülen auf der Oberfläche. Wie aus *Linescan* III hervorgeht, wird eine Periodizität von $\Delta d$ =8± 1 Å respektive 15 ± 1 Å entlang der [$\bar{1}\bar{1}$4]-Azimutrichtung erhalten. Es ist daher anzunehmen, dass neben den ursprünglichen (221)-Stufen, mit einer Periodizität von $\Delta d$ =7,65 Å, auch Stufen mit der doppelten Periodizität - Doppelstufenrekonstruktion - erhalten werden. In den Teilbild 3.4 e) ist dafür zunächst unter dem zur Verdeutlichung gestreckt dargestellten *Linescan* III ein mögliches Szenario der adsorbierten Moleküle illustriert. Ein allgemeines Kugelmodell in Drauf- und Seitenansicht der Oberfläche, mit Modellmolekülen der entsprechenden Dimensionen zeigt in Abb. 3.4 f) wie sich die Oberfläche im Mittel verhält. Dabei sind Stufen der einfachen Periodizität der vicinalen (221)- Oberfläche neben Stufen der doppelten Periodizität von PEN-Molekülen bedeckt. Es ist daher von einer teilweise rekonstruierten Oberfläche auszugehen. Aus den *Linescans* II geht nun die Korrugation der auf den Stufen adsorbierten Molekülen in [1$\bar{1}$0] Azimutrichtung hervor. Es wird dabei eine, vergleichbar zu der in Abb. 3.1 e) gezeigten, nicht vollständig dicht gepackte erste Monolage einer diskreten Periodizität von $\Delta d = 18 \pm 1$ Å erhalten. Insgesamt ist die Ordnung des Monolagenfilmes auf der teilweise rekonstruierten Oberfläche im Vergleich zur intakten Cu(221)-Oberfläche als wesentlich geringer zu beschreiben.

### 3.1.2 Morphologie der Multilagenfilme

Wie bereits im einleitenden Teil beschrieben ist ein zentraler Punkt dieser Studie die Charakterisierung des Multilagenwachstums und dabei im speziellen die Untersuchung des Einflusses eines mikroskopischen Templates (z. B. Stufenmuster der vicinalen (221)-Oberfläche). Die zu charakterisierenden Multilagenfilme wurden dafür bei Raumtemperatur auf eine zuvor nach dem oben beschriebenen Rezept präparierte Monolage aufgebracht und anschließend *ex situ* mittels AFM im *tapping mode* vermessen. Eine rastertunnelmikroskopische Charakterisierung ist auf Grund des in Kapitel 2.1.1 beschriebenen Problems der zu großen Widerstände in Multilagenfilmen von organischen Halbleitern nicht möglich. In Abb. 3.5 a) ist eine typische Abbildung der topographischen Beschaffenheit eines nominell 8 nm dicken PEN-Films dargestellt. Die Aufnahme zeigt pyramidale Inseln, deren Terrassenstufen eine, relativ zum Gesamtscanbereich, geringe Ausdehnung aufweisen. Aus der vergrößerten Abbildung in 3.5 b) und dem *Linescan* I in c) geht hervor, dass die Höhendifferenz der einzelnen Terrassenstufen $\Delta h = 14 \pm 2$ Å beträgt. Es lässt sich keine Relation zwischen der Morphologie der Inseln und der eingezeichneten [1$\bar{1}$0] Azimutrichtung beobachten, woraus zu schlussfolgern ist, dass das Stufenmuster des Substrates offenbar keinen Einfluss auf die azimutale Orientierung der Inseln hat. Teilbild 3.5 d) zeigt nun die Morphologie einer Pentacenmultilage auf einer zuvor facettierten Cu(221)-Oberfläche. Die Morphologie der *tapping mode* AFM-Aufnahme weist eine große Ähnlichkeit zu der in Abb. 3.5 a-b) gezeigten auf. Die ebenso pyramidalen Insel sind durch vergleichbare Terrassenstufen kleiner Flächen und einer Stufenhöhendifferenz von $\Delta h = 15 \pm 2$ Å ausgezeichnet (vgl. *Linescan* II in Abb. 3.5 c). Des Weitern ist keinerlei Beziehung zur eingezeichneten Azimutrichtung feststellbar.

## 3.2. Pentacen-Tetron auf Cu(221)

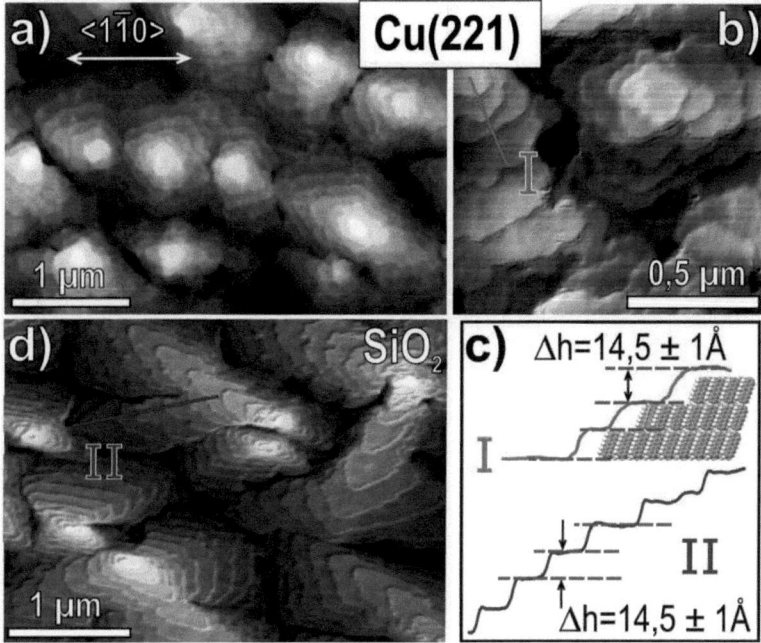

**Abb. 3.5:** Die Abbildung a-b) zeigen *tapping mode* AFM-Aufnahmen einer nominell 8 nm dicken Pentacenschicht aufgedampft bei RT auf eine zuvor präparierte Monolage auf der vicinalen Cu(221)-Oberfläche. Die Azimutrichtung ist mittels LEED am sauberen Substrat vor der Bedampfung bestimmt. Aus dem *Linescan* I in c) geht eine Stufenhöhe der Molekülinseln von $\Delta h = 14 \pm 1$ Å hervor. Teilbild d) zeigt eine *tapping mode* AFM Aufnahme, einer nominell 15 nm dicken PEN Schicht auf $SiO_2$.

## 3.2 Pentacen-Tetron auf Cu(221)

Im weiteren Verlauf soll nun zunächst die Adsorptionsgeometrie einer oxidierten Species von PEN, dem Pentacen-Tetron, untersucht sowie das darauffolgende Multilagenwachstum charakterisiert werden. Wie aus einer Studie von Käfer *et al.* [187], in der die thermischen Stabilitäten von polykristallinem Pulver von PEN mit denen der Oxo-Species Pentacenquinon und PEN-Tetron mittels TDS charakterisiert wurden, hervorgeht, wird für PEN-Tetron mit Hilfe der *leading edge*-Analyse eine Desorptionsenergie von $\Delta E_{des} = 93,1 \pm 3,3$ [kj/mol] und für PEN $\Delta E_{des} = 162,1 \pm 6,2$ [kj/mol] erhalten. In anbetracht dieser wesentlich geringeren Desorptionsenergie von PEN-Tetron und der, auf Grund der Sauerstoffatome zu erwartenden stärkeren Wechselwirkung des aromatischen $\pi$-Systems mit den d-Orbitalen des Cu-Substrates, kann nun in Analogie zum Verhalten von Pentacen davon ausgegangen werden, mittels thermischer Desorption von aufgebrachten Multilagenfilmen, selektiv Monolagenfilme präparieren zu können.

Abb. 3.6 a) zeigt nun das erhaltene Beugungsbild einer Oberfläche, die zunächst mit einem nominell 8 nm dicken PEN-Tetron Film bei RT bedampft wurde und anschließend für 5 min bei 420 K *annealed* wurde. Neben den Reflexen der blau gestrichelt gekennzeichneten Substrateinheitszelle, sind zusätzliche Beugungsreflexe - respektive Streifen - im LEED-Bild zu sehen. Diese erlauben es die in orange gestrichelte, schiefwinklige Adsorbateinheitszelle einer diskreten Registrierung zu identifizieren. Wie schon bei der Adsorption von PEN in Abb. 3.1 c-d) auf der vicinale (221)-Oberfläche gezeigt, ergeben sich daraus zwei Spiegeldomänen mit den kommensuraten Überstrukturen ( $\begin{smallmatrix} 1 & \frac{1}{7} \\ 0 & -\frac{1}{7} \end{smallmatrix}$ ) und ( $\begin{smallmatrix} 1 & -\frac{1}{7} \\ 0 & \frac{1}{7} \end{smallmatrix}$ ) einer Geometrie von flach liegenden Molekülen. Zur Verdeutlichung der Adorptionsgeometrie ist in Teilbild 3.6 b) in schematischer Weise eine Drauf- sowie eine Seitenansicht illustriert. Die Einheitszellen sind dabei durch einen Winkel $\alpha = 109 \pm 5°$ ausgezeichnet. Im Gegensatz zur Adsorption von PEN wurde im Beugungsbild der ersten Monolage von PEN-Tetron auf Cu(221) keine rechtwinklige Einheitszelle beobachtet.

Bei weiterer Deposition (bei RT) von PEN-Tetron auf die nach dem oben beschriebenen Rezept präparierte Monolage, wird nun aus *ex situ tapping mode* AFM Aufnahmen die in Abb. 3.6 c-d) im Phasenbild gezeigte Topographie von blockförmigen Inseln mit einer Höhe von bis zu 36 nm (vgl. *Linescan* II), sowie einigen wenigen wesentlich kleineren knubbelartigen Molekülansammlungen erhalten. Neben der geradlinigen Kantenform fällt bei der großen Insel im Phasenbild c) auf, dass sie über eine Ausdehnung von $> 1$ μm molekular glatte Plateaus aufweist. Es lässt sich keinerlei sinnvolle Beziehung zwischen den geradlinig verlaufenden Inselkanten und der, aus den Beugungsbildern zuvor bestimmten, [1$\bar{1}$0] Azimutrichtung des Substrates feststellen. Aus der in Abb. 3.6 d) gezeigten, vergrößerten topographischen Aufnahme der selben Insel geht nun hervor, dass sich an deren Rand Terrassenstufen mit einer Höhe von 3,5 $\pm$0,5 Å befinden. Daraus folgt unter Berüchsichtigung der *van der Waals*-Dimensionen (15,6 Å× 7,7 Å × 2,8 Å) aus Ref. [156], dass die Moleküle im Bulkkristall mit ihrem aromatischen Ringsystem parallel zur Substratoberfläche angeordnet sind (vgl. dazu auch Abb. 2.10 b). Das Aufbewahren eines solchen Filmes über mehrere Monate an Luft führt nun dazu, dass die in Teilbild 3.6 f) - Phasenbild einer *tapping mode* AFM-Aufnahme - gezeigte Morphologie von knubbelartigen Inseln erhalten wird. Der nominell 10 nm dicke Film zeigt Inseln mit einer Höhe von bis zu 140 nm (vgl. *Linescan* III in e). Es ist damit im Vergleich zu der in Teilbild 3.6 c) gezeigten Morphologie von einer durch Alterung induzierten erhöhten Entnetzung *post-dewetting* zu sprechen, da derart hohe Inseln auf der selben Probe vorher nicht beobachtet wurden. Des Weiteren werden nicht mehr die charakteristischen geradlinigen Kanten gefunden, so dass, wie schon auf den frisch präparierten Proben beobachtet, keinerlei Registrierung zur Substratazimutrichtung festgestellt werden kann.

## 3.2. Pentacen-Tetron auf Cu(221)

Die Alterung von PEN-Tetron-Filmen ist insofern überraschend, als dass die Moleküle bereits vollständig oxidiert sind und daher eine zeitliche Veränderung erwartet wurde. Die Beobachtung ist aber in Analogie auch auf anderen Substraten, wie beispielsweise $SiO_2$ sowie an aus Lösung gezüchteten PEN-Tetron-Einkristallen gefunden worden und von daher nicht als substratinduziertes Phänomen zu identifizieren.

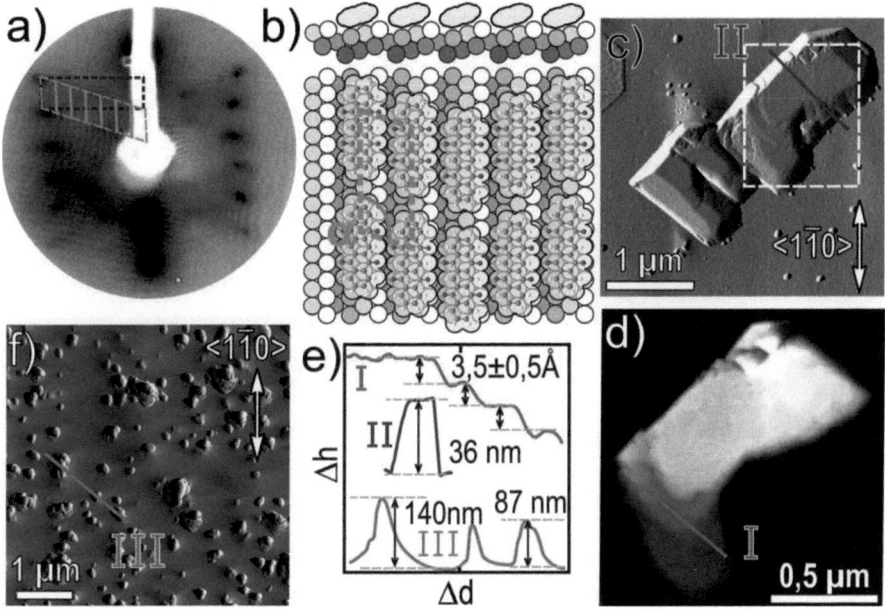

**Abb. 3.6:**
Abbildung a) zeigt ein LEED-Bild - aufgenommen bei 110 K (178 eV) - der Adsorbatstruktur der ersten Monolage PEN-Tetron auf Cu(221). In Teilbild b) ist die erhaltene kommensurate Eineitszelle der Überstrukturen schematisch auf der gestuften (221)-Oberfläche abgebildet. Das Phasenbild einer *tapping mode* AFM-Aufnahme in c) und das vergrößerte Teilbild der topographischen Darstellung in d) zeigen blockartigen 36 nm hohen Insel (vgl. *Linescan* II) mit molekular glatten Plateaus eines nominell 8 nm dicken PEN-Tetronfilms, gewachsen bei RT auf der vicinalen (221)-Oberfläche. Aus dem *Linescans* I in e), aufgenommen an der Kante der Insel, geht hervor, dass die Molekülterassen durch eine Stufenhöhe von $\Delta h = 3,5 \pm 0,5$ Å getrennt sind. Das *tapping mode* Phasenbild in f) zeigt einen Übersichtsscan einer nominell 10 nm dicken Schicht, aufgenommen nach mehreren Monaten an Luft. Es werden bis zu 140 nm hohen knubbelförmigen Inseln erhalten.

## 3.3 Diskussion zum Wachstum von PEN und PEN-Tetron auf Cu(221)

Die Struktur von Oligoacenmonolagenfilmen auf Kupfer scheint offenbar aus einer Preferenz der Moleküle zur Bildung einer dichten Packung einer planaren Adsorbtionsgeometrie in einer diskreten Registrierung der aromatischen Ringe zum Substrat zu resultieren. Auf den anisotropen Cu(110) und Cu(221) Vicinaloberflächen wird dabei eine Anordnung entlang der [1$\bar{1}$0] erhalten. Bei einem Vergleich der Fläche der *van der Waals*-Dimension von PEN (99,8 Å$^2$) mit der Dimension der Einheitszellen auf Cu(110) (A=119,5 Å$^2$ [110]) und Cu(221) (A=136,5 Å$^2$) fällt nun auf, dass die Moleküle auf beiden Oberflächen eine nicht vollständig dichte Packung einnehmen. Dabei ist zu bemerken, dass auf der (221) Oberfläche die molekulare Projektionsfläche auf der makroskopischen Oberfläche auf Grund der Verkippung der Terrassen in Wirklichkeit etwas kleiner ist. Wird also eine ausreichend breite Terrasse für die Adsorption von einzelnen Molekülen zur Verfügung gestellt und dabei aber das Platzangebot derart eingeschränkt, dass kein Weiteres einen Adsorptionsplatz einnehmen kann, so lässt sich die laterale Separation der Moleküle der ersten Monolage über der Substratorientierung beeinflussen (vgl. dazu auch die schematische Darstellung der Adsorptionsgeometrie der ersten Monolage von PEN in Abb. 3.7 a,b). Des Weiteren lässt sich neben den Separationslücken (1,25 Å) für Cu(221) und 0,8 Å für Cu(110) auch eine Verkippung der Moleküle relativ zur Oberflächennormalen - hervorgerufen durch den Winkel zwischen Terrassen und der Orientierung der gestuften Oberfläche - erzwingen.

Für die erste Monolage von PEN auf Cu(221) wird nun eine langreichweitige Ordnung einer (1×7) Überstruktur mit, in [1$\bar{1}$0] Azimutrichtung um diskrete Δd (vgl. Abb. 3.1 e,f) der Länge eines nächsten Nachbarabstands im Kupfergitter, lateral verschobenen Molekülen erhalten, die deutlich für eine Kommensurabilität spricht. Eine vergleichbare meanderartige Struktur wurde auch schon für das Monolagenwachstum von Tetracen und PEN auf Cu(110) beobachtet [89]. Es wird dabei von einer lateralen Verschiebung der Moleküle um halbe nächste Nachbarabstände vom Kupfersubstrat berichtet und dies mit einer Verzahnung der gegenüberliegenden CH-Gruppen erklärt, die repulsive Wechselwirkungen aufeinander ausüben sollen. Es ist zu bemerken, dass die seitliche Separation der PEN Moleküle auf der Cu(221) Obefläche deutlich größer ist als ihre *van der Waals*-Breite, weshalb eine direkte repulsive intermolekulare Wechselwirkung als äußerst unwahrscheinlich gelten muss. Um so bemerkenswerter ist trotzdem die Ausbildung dieser hoch periodischen Struktur senkrecht zur Stufenkantenverlaufsrichtung, was wiederum die substratvermittelte Anordnung unterstreicht.

Bei der Präparation der Monolagenfilme mittels Thermodesorption von Multilagenfilmen konnten nun, entgegen der Beobachtungen in früheren Studien zum Wachs-

## 3.3. Diskussion zum Wachstum von PEN und PEN-Tetron auf Cu(221)

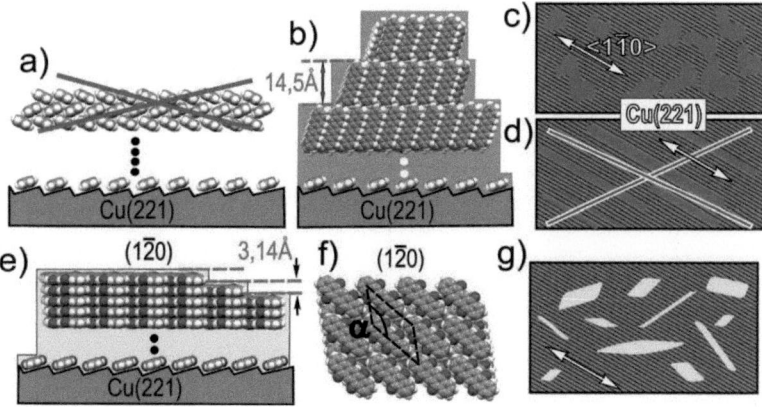

**Abb. 3.7:**
Die Abbildung fasst die erhaltenen Ergebnisse der Experimente zum Wachstum von PEN auf Cu(221) (a-d), sowie die zur Untersuchung des Wachstums von PEN-Tetron auf Cu(221) (e-g) in schematischen Teilbildern zusammen. Für PEN und PEN-Tetron wird dabei die in a), b) und e) gezeigte kommensurate erste Monolage erhalten, die sich nicht in einem Multilagenwachstum fortsetzen lässt. In b) ist die Seitenansicht der erhaltenen aufrechten Pentacenphase mit der charakteristischen Stufenhöhe illustriert. Die Draufsicht in c) verdeutlicht die nicht vorhandene Epitaxie der erhaltenen Morphologie neben der gewünschten, nicht erhaltenen mit entlang der [1$\bar{1}$0] Azimutrichtung ausgerichteten nadelförmigen Inseln. Während in e) eine Seitenansicht des Multilagenwachstums von PEN-Tetron mit dem Interlagenabstand der (1$\bar{2}$0) Ebene abgebildet ist, zeigt f) zur Verdeutlichung des *Mismatches* zwischen Monolage und Bulkkristall die Einheitszelle der (1$\bar{2}$0) Oberfläche mit dem Winkel $\alpha = 139°$. Teilbild g) zeigt die erhaltene Anordnung der Molekülinseln in einer schematischen Illustration.

tum von PEN auf Cu(119), keine molekülinduzierte Facettierung beobachtet werden [94, 95]. Wie, auf Grund der Erkenntnisse aus früheren Studien zu erwarten ließen sich mit dem Rezept der selektiven Desorption gesättigte Monolage herstellen. Während bei der Adsorption von organischen Molekülen auf diversen Kupfersubstraten eine Oberflächenrekonstruktion beobachtet wird [188, 189], scheint die Cu(221) Oberfläche stabil auf die Deposition zu reagieren [174, 176]. Auf der anderen Seite reagiert die Oberfläche aber trotzdem äußerst sensitiv auf Sauerstoffverunreinigungen. So wird bereits bei kleinsten Mengen an $O_2$ eine Doppelstufenrekonstruktion und später eine Facettierung beobachtet, was in früheren Studien bereits ausführlich diskutiert wurde [180, 181]. Es ist daher zu bemerken, dass auf Grund der Instabilität der vicinalen Kupferoberflächen gegenüber der sauerstoffinduzierten Rekonstruktion echte UHV-Bedingungen bei Experimenten mit diesen Substraten äußerst wichtig sind.

Trotz der langreichweitigen Ordnung innerhalb der ersten Monolage lässt sich die Epitaxie nun nicht im Multilagenfilmen fortsetzen. Stattdessen wird das Wachstum in einer aufrechten Phase mit pyramidalen Inseln, analog zum Multilagenwachstum auf Cu(110), beobachtet [110] (vgl. dazu auch Abb. 3.7 b,c). Interessanterweise wird dieses Aufrichten der Moleküle im Multilagenwachstum auf Au(111) [80] und Ag(111) [153] nicht beobachtet, sondern eine Phase liegender Moleküle, die seitlich etwas verkippt sind. Dabei wird eine ausgeprägte Entnetzung beobachtet, die zu einer Formierung von separierten Inseln mit charakteristischen kristallographischen Richtungen führt. Diese morphologische Umordnung wird dabei einem strukturellen *Mismatch* zwischen Adsorbatstruktur der ersten Monolage und Bulkkristallstrukur ursächlich zugeschrieben. Da die planare Monolagenstruktur in keiner Ebene der Kristallstruktur zu finden ist, entsteht an der Grenzfläche zwischen erster und zweiter Lage eine Spannung, die durch die Entnetzung und der damit verbundenen Minimierung der Grenzfläche abgebaut wird. Die starke Chemisorption auf der Kupferoberfläche verhindert dabei ein Anheben der Moleküle der ersten Monolagen, hervorgerufen durch die auftreffenden Folgemoleküle.

Es ist zusammen zu fassen, dass eine templatinduzierte Anordnung von Multilagenfilmen wie für die (1×3) rekonstruierte Au(110) [190] beobachtet, nicht gezeigt werden konnte. Dabei werden nadelförmige Inseln mit einer präferentiellen Orientierung entlang der [001] Substratrichtung mit einem gewissen Grad an Fehlordnung erhalten (vgl. dazu auch gewünschte Anordnung kristalliner PEN-Nadeln entlang der [1$\bar{1}$0] Azimutrichtung der Cu(221) Oberfläche in 3.7 d). Es ist zu bemerken, dass für Thiophene oder Para-Phenyl-Filme auf anisotropen Substraten eine wesentlich höhere Ordnung erreicht wird. Die Ursache dafür könnte in den unterschiedlichen Packungsmotiven der unterschiedlichen Moleküle zu finden sein und unterstreicht die besondere Eigenart des Pentacens, welches sich auch in der Schwierigkeit der Herstellung von hochgeordneten Einkristallen widerspiegelt und eine weitere Erforschung erfordert.

Da als eine Ursache für die nicht vorhandene Epitaxie von PEN-Multilagenfilmen auf Cu(221) das *Mismatch* zwischen erster Monolage und Kristallebenen des Bulks ausgemacht wurde, ist im Folgenden das Wachstum von Multilagenfilmen eines nahezu coplanar stapelnden Moleküls dem PEN-Tetron auf der gestuften Oberfläche untersucht worden. In der Sättigungstruktur der ersten Monolage, hergestellt mittels thermischer desorption von Multilagenfilmen, wird dabei - wie schon beim PEN beobachtet - aus LEED-Daten eine Anordnung der Geometrie von flach liegenden Molekülen erhalten (vgl. Abb. 3.7 e). Diese lassen sich mit den kommensuraten Überstrukturen der Spiegeldomänen ( $\begin{smallmatrix} 1 & 1 \\ 0 & -7 \end{smallmatrix}$ ) und ( $\begin{smallmatrix} 1 & -1 \\ 0 & 7 \end{smallmatrix}$ ) beschreiben. Bei dem Vergleich der *van der Waals*-Breite (7,6 Å) mit der Terrassenstufe (7,65 Å) fällt nun auf, dass sich eine wesentliche geringere Seprationslücke (0,5 Å) zwischen den Molekülen ergibt, die, anders als beim PEN, eine intermolekulare Wechselwirkung ermöglichen würde und damit für eine laterale Verschiebung der Moleküle in diskreten $\Delta$d Nächster-Nachbar-Kupferabständen verantwortlich sein könnte. Aus den erhaltenen LEED-Bildern ergibt sich dabei für $\Delta d = 1$. Aus der Charakterisierung der Morphologie der Multilagen ergeben sich nun Stufenhöhen, die signifikant geringer sind als der Interlagenabstand der stehenden Phase der (001) Ebene (11 Å). Es ist daher von einer Fortsetzung der planaren Adsorptionsgeometrie und damit von der Ebene einer liegenden Phase auszugehen. Ein Blick in die Kristalldatenbank ermöglicht nun einen Vergleich mit der bekannten ($1\bar{2}0$) Ebene des PEN-Tetrons. Der Interlagenabstand von 3,14 Å passt dabei in guter Näherung im Rahmen der Messgenauigkeit mit der auf dem Plateau bestimmten Stufenhöhe von 3,5 ±0,5 Å überein (vgl. Abb. 3.7 e). In Übersichtsscans konnte nun keinerlei azimutale Orientierung der Inseln festgestellt werden, wie die schematische Illustration der Draufsicht einer typischen Oberflächentopographie in Abb. 3.7 g) verdeutlichen soll.

Eine Ursache dafür könnte dabei wiederum in dem *Mismatch* zwischen adsorbierter Monolage und Kristallphase liegen. Denn betrachtet man das coplanare Packungsmotiv der ($1\bar{2}0$) Ebene im Detail, fällt auf, dass die Moleküle jeweils um die Hälfte ihrer Länge zueinander versetzt im Bulk angeordnet sind. Da das Adsorbatmotiv der ersten Lage aber einem diskreten Versatzmuster des Substrates nachgeht, in dem entlang der [$1\bar{1}0$] Azimutrichtung periodisch in sieben Nächster-Nachbar-Kupferabstände ein Molekül adsorbiert, lässt sich das Motiv mit den Molekülen des *Brick-Wall*-Musters nicht vereinbaren. Die präferentiellen Adsorptionsplätze liegen immer auf ganzen $\Delta d$ Abständen und können damit in jeder zweiten Reihe der ($1\bar{2}0$) Ebene nicht eingehalten werden ($7/2 \notin \mathbb{Z}$).

## 3.4 Perfluoropentacen auf Ag(111)

Wie bereits in der Motivation für die Verwendung von PF-PEN in Kapitel 2.5 beschrieben, rückt die perfluorierte Species des Pentacens auf Grund seiner ausgezeichneten elektronischen Eigenschaften (wie Beispielsweise seine n-halbleitenden Eigenschaften welche in Heterostrukturen mit dem p-halbleitenden PEN komplentäre Schaltkreise ermöglichen sollen) immer mehr in den Fokus des Interesses. Auf dem Weg zur Realisierung der erwähnten komplementären Schaltkreise und p-n-Übergängen in Heterostrukturen ist es aber zunächst notwendig, das Verhalten und die Struktur der homomolekularen Filme zu verstehen. So besteht unter anderem ein großes Interesse darin, die Mikrostruktur an der Grenzfläche zwischen Metall und Organik zu verifizieren, da gerade die Strukturabhängigkeit der Energieniveauanpassung - *eng. energy level alignment* - an derartigen Kontaktstellen die Funktionsweise der späteren *Devices* in erheblichem Maße beeinflusst [172, 191–194]. Es ist zu bemerken, dass sich für einige Eigenschaften - wie beispielsweise für die Lochinjektionsbarriere *hole injection barrieres* auf Au und Ag - Parallelen zwischen PF-PEN und der unfluorierten Species ziehen lassen, es aber beispielsweise bei der Ionisationsenergie auf Grund des größeren Molekül-Substrat-Abstandes im PF-PEN signifikante Unterschiede gibt [160, 166]. Da sich bisherige Studien hauptsächlich mit dem Verständnis und der Kontrolle der elektronischen Eigenschaften [160, 165, 172, 193] von PF-PEN beschäftigt haben und strukturelle Aspekte dabei wenig Beachtung fanden, soll im Rahmen dieser Studie darauf eingegangen werden. So steht man bei dem Verständnis der Struktur noch ganz am Anfang, da es abgesehen von sehr lokal begrenzten Informationen (STM-Aufnahmen kleiner Scanbereiche) über die Adsorbatstrukturen auf Cu(111) [162] und Cu(110) [167] sowie Erkenntnissen über den Bindungsabstand aus - *engl. X-ray standing wave (XSW)*- Messungen auf Cu(111) [162] und Ag(111) [166] keinerlei Untersuchungen bezüglich des Thermodesorptionsverhaltens der langreichweitigen Ordnung von Adorbatstrukturen sowie des Multilagenwachstums gibt.

Für die Verkleinerung dieser Erkenntnislücke, wurde daher eine umfassende Studie zum Verständnis der Struktur von PF-PEN-Filmen auf Ag(111) durchgeführt. Durch die geschickte Kombination von komplementären Techniken, wie TDS, XPS, STM und AFM, soll dabei eine Charakterisierung der molekularen Struktur in Dünnfilmen, der Mikrostruktur der ersten Monolage sowie der strukturellen Entwicklung von Mono- zu Multilagenfilmen vorgenommen und ferner das Thermodesorptionsverhalten untersucht werden.

Im Rahmen der Wachstumsstudie kamen dabei unterschiedliche Silber-Substrate zum Einsatz. So wurde einerseits ein Silbereinkristall einer (111)-Orientierung und andererseits epitaktisch auf *mica* gewachsene Ag(111) Filme (Schichtdicke 150 nm) verwendet. Wie schon die Cu-Einkristalle werden die unter Hochvakuumbedingungen hergestellten Ag-Schichten sowie der verwendete Ag-Einkristall vor der Bedampfung mit PF-PEN im UHV mittels Beschuss von $Ar^+$-Ionen und Heizen - *engl. annealing* -

auf 750 K zyklisch gereinigt und ausgeheilt und auf ihre Güte mittels LEED überprüft.

### 3.4.1 Thermodynamische Stabilität

Da im Unterschied zum Wachstum von PEN auf Cu keinerlei Rezepte in Form von Thermosdesorptionsprotokollen für das Verhalten von PF-PEN aus der Literatur entnommen werden konnten, mussten für die gezielte Präparation von Molekülfilmen zunächst TDS-Messungen durchgeführt werden. Es ist zu bemerken das, dass Erarbeiten von Präparationsrezepten für Herstellung von gesättigten Monolagenfilmen nur im Falle einer chemisorbierten ersten Monolage möglich ist. Dazu ist in Abb. 3.8 eine Serie typischer TD-Spektren von PF-PEN Filmen unterschiedlicher nomineller Schichtdicke (5-100 nm) auf Ag(111) geplottet. Die Spektren zeigen konsistent genau einen ausgeprägten Desorptionspeak bei der Masse des detektierten Molekülions. Auf Grund der in Kapitel 2.3.1 bereits beschriebenen Begebenheit des begrenzten detektierbaren Massenbereichs von 0-300 amu wurde auf der Masse des zweifach geladene Molekülion (m/z = 265 amu, z = 2) detektiert. Es fällt auf, dass alle Spektren sich unabhängig von ihrer Ausgangsbedeckung durch eine gemeinsame Anstiegsflanke sowie deren Beginn auszeichnen. Wobei zu berücksichtigen ist, dass sich auf Grund des verwendeten Molekülions und des daraus resultierenden schwachen detektierbaren Signals, auf Basis der Datenlage, keine verlässliche *leading edge*-Analyse zur Bestimmung der Sublimationsenthalpie durchführen lässt, die es erlauben würde, eine Aussagen über die Aktivierungsenergie zu treffen. Um nun aber trotzdem einen Vergleich zur thermischen Stabilität von Pentacen ziehen zu können, ist in Abb. 3.8 zusätzlich eine Serie von TD-Spektren für die Desorption von PEN auf Ag(111) geplottet. Darin sind nun neben dem signifikanten Anstieg der Flanke der Multilagendesorptionspeaks auch die Maxima der Serien von PF-PEN, etwa 20 K oberhalb von denen des Pentacens, zu finden. Dies kann als Indiz für eine höhere Sublimationsenthalpie $\Delta_{sub}H$ von PF-PEN gewertet werden. Es sind zwar momentan keine thermodynamischen Vergleichsdaten für PF-PEN verfügbar, doch wurde eine ähnliche Beobachtung bei dem kleineren Polyacen Naphthalen gemacht. So wird bei gleicher Polarisierbarkeit [195] von Naphthalen ($C_{10}H_8$) und der perfluorierten Species ($C_{10}F_8$) eine steigende Sublimationsenthalpie von $\Delta_{sub}H$ ($C_{10}H_8$) = 72,5 kJ/mol zu $\Delta_{sub}H$ ($C_{10}F_8$) = 79,4 kJ/mol beobachtet [196]. Der Unterschied in der thermischen Stabilität von PEN und PF-PEN trotz anzunehmender - Fortsetzung der homologen Reihe der Polyacene bezüglich der Polarisierbarkeiten - vergleichbarer *van der Waals*-Wechselwirkungen im Molekülkristall ist daher nur über die unterschiedlichen Molekülmassen zu erklären die den pre-exponentiellen Faktor der Desorptionskinetik entsprechend beeinflussen.

Im Unterschied zur Studie von PEN auf Ag(111), bei der ein breites Signal der Monolagendesorption auf der Masse des Molekülions $m/z$=278 amu, z=1 (Maximum bei ca. 530 K) detektiert werden konnte, war es bei PF-PEN nicht möglich, oberhalb der Multilagendesorptionstemperatur die Masse eines intakten Molekülions zu

## 3.4. Perfluoropentacen auf Ag(111)

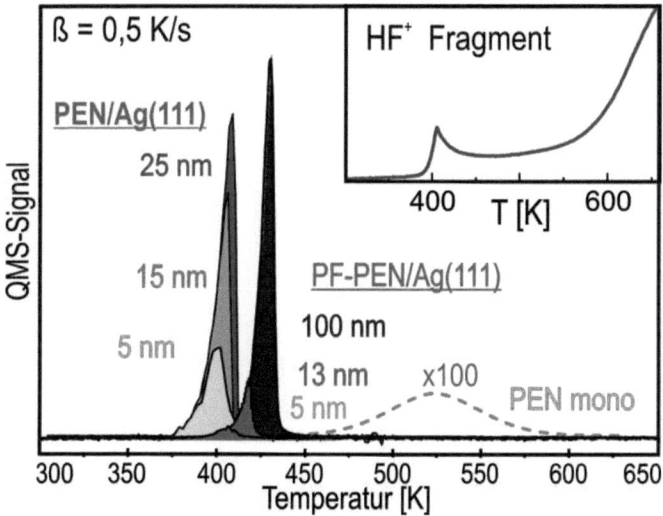

**Abb. 3.8:** Die Abbildung zeigt eine Serie von Thermodesorptionsspektren, aufgenommen für unterschiedlich dicke PF-PEN Filme auf Ag(111) bei der Masse des Molekülions $m/z=265$ amu, $z=2$. Des Weiteren ist, in Grautönen gehalten, eine Serie von TD-Spektren - detektiert bei der Masse des Molekülions $m/z=278$ amu, $z=1$ - für PEN Filme auf Ag(111) unterschiedlicher nomineller Schichtdicke zu Vergleichszwecken aus Ref. [153] geplottet. Im Fall von PF-PEN wird kein Desorptionspeak eines intakten Moleküls der ersten Monolage erhalten. Die Detektion eines ansteigenden Signals auf der Masse von HF oberhalb von 400 K (vgl. Ausschnitt oben rechts) deutet aber auf eine dissoziative Desorption der ersten Lage hin.

detektieren. So ergaben Spektren auf der Masse des neutralisierten Flourradikals HF aber ein, ab 400 K mit steigender Temperatur ansteigendes Signal. Dies kann als Anzeichen einer dissoziativen Desorption der Moleküle der ersten Monolage gewertet werden. Um diese Theorie zu belegen, sind im Folgenden temperaturabhängige XPS-Messungen an PF-PEN-Filmen durchgeführt worden, bei denen die Charakterisierung des stöchiometrischen Verhältnisses der unterschiedlichen Kohlenstoffspezies im Vordergrund stand. In Abb. 3.9 ist dazu die temperaturabhängige Entwicklung der $C1s$ und $F1s$ Peaks von nominell 5 nm dicken PF-PEN-Schichten geplottet. Die Filme wurden dabei für 2,5 Minuten bei den angegebenen Temperaturen *annealed* und anschließend bei Raumtemperatur vermessen. In allen gezeigten Spektren wurde die Bindungsenergie auf den $Ag3d_{5/2}$-Peak (368,9 eV) referenziert. Auf Grund der unterschiedlichen lokalen chemischen Umgebung der Kohlenstoffspecies im PF-PEN werden im $C1s$-Spektrum zwei, um 1,5 eV voneinander separierte, Signale (gekenn-

64  Kapitel 3. Ergebnisse zum Wachstum organischer Filme auf Metallen

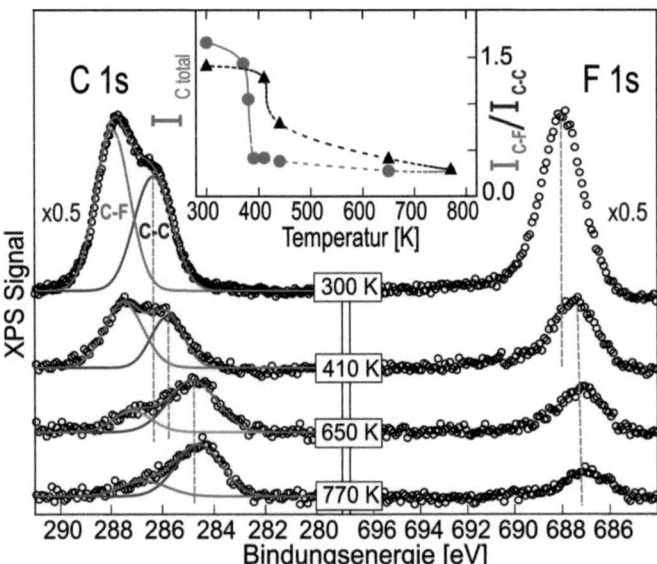

**Abb. 3.9:** Die Abbildung zeigt eine Serie C1s und F1s Peaks für einen nominell 5 nm dicken PF-PEN Film auf Ag(111). Die Spektren wurden jeweils bei Raumtemperatur nach einem kurzen (2,5 min) Heizzyklus bei den angegebenen Temperaturen aufgenommen. In dem zusätzlichen Graphen (Mitte oben) ist die Entwicklung der Gesamtintensität des C1s sowie das Verhältnis der beiden Kohlenstoffspecies (mit und ohne direkten Fluornachbarn) als Funktion der *annealing* Temperatur geplottet.

zeichnet als C-F und C-C) erhalten [162, 167]. Für das Verständnis des thermischen Verhaltens ist in einem zusätzlichen Graphen nun der Verlauf der Gesamtintensität des C-Signals ($C_{total}$) als Funktion der Temperatur geplottet. Der Verlauf zeigt, dass $C_{total}$ ab ca. 380 K stark abfällt, womit - in Übereinstimmung mit den TDS-Daten - ein starkes Indiz für die Desorption der Multilage vorliegt. Diese Temperatur kann daher als „Rezept" für eine selektive Multilagendesorption genutzt werden. Dabei ist zu bemerken, dass die unterschiedlichen erhaltenen Desorptionstemperaturen aus XPS und TDS auf die verschiedenen Temperaturprotokolle zurückzuführen sind (statisch bei XPS gegenüber dynamisch bei TDS). Um nun zu belegen, dass neben der Multi-, nicht auch die Monolage desorbiert wurde, sind weitere Spektren, nach *annealing*-Prozessen bei höheren Temperaturen, aufgenommen worden. Im Vergleich der Mulit- zu den Monolagenspektren sind die Bindungsenergien der C1s und F1s Peaks um etwa 0,7 eV hin zu niedrigeren Energien verschoben, was als relaxations *Shift*, hervorgerufen durch die Abschirmung der angeregten Zustände in der Nähe des Metalls (im Monolagespektrum, 410 K), bewertet werden kann [197].

Weiteres Heizen (oberhalb von 400 K) der Filme hat im C$1s$ XP-Spektrum eine Reduzierung des Verhältnisses der beiden C-Signale zur Folge (I$_{C-F}$/I$_{C-C}$) sowie im F$1s$ ebenfalls eine Verringerung der Intensität. Dabei verschiebt sich C$1s$ Bindungsenergie der C-C Komponente um ca. 1 eV. Die Bildung von AgF (bei 682,5 eV) kann dabei ausgeschlossen werden. Eine solches, durch *Annealing* verursachtes, Zerbrechen von PF-PEN Molekülen wurden auch auf der Cu(111)-Oberfläche [162] beobachtet, wobei PF-PEN auf Kupfer im Vergleich zu Silber auch einer wesentlich stärkeren Wechselwirkung ausgesetzt ist. So wurden mittels XSW-Messungen signifikante Unterschiede in den Bindungsabständen des Kohlenstoffrückgrats von PF-PEN auf Cu(111) (2,98 Å) im Vergleich zu Ag(111) (3,16 Å) festgestellt, was ein deutliches Indiz für eine stärkere Wechselwirkung gelten kann. Die Dekomposition in einem Temperaturfenster, bei dem PEN auf Silber noch stabil ist, könnte daher auf einen katalytischen Effekt der Silberoberfläche zurückzuführen sein. Ähnliches wurde auch für perfluoriertes Benzol auf Ag(111) beobachtet [198].

### 3.4.2 Struktur von Mono- und Bilage

Auf Basis der Resultate der TDS- und XPS-Messungen konnte im Folgenden nun, eine wohl definierte Monolage mittels thermischer Desorption (*Annealing* bei 380 K für 5-10 Minuten) einer aufgedampften Multilage (d$_{nom}$ = 3-5 nm) präpariert werden. Abbildung 3.10 a) zeigt eine typische STM-Aufnahme bei 35 K der erhaltenen langreichweitig geordneten ersten Monolage PF-PEN auf Ag(111). Neben der molekularen Adsorbatstruktur fällt das durch die schwarzen Pfeile gekennzeichnete periodische (alle 36 ± 3 Å bzw 43 ± 3 Å) Streifenmuster entlang der ⟨110⟩-Azimutrichtung auf. Hochaufgelöste STM-Daten in Abb. 3.10 b-c) belegen eine einheitlich Ausrichtung der Molekülängsachsen (Periodizität 17, 5 ± 1 Å) entlang dieser Azimutrichtung sowie eine seitliche Seperation von $d_I$ = 7,3 ± 0,5 Å, woraus sich eine schiefwinklige Einheitszelle mit einem Winkel von 54°± 5°. ergibt. Des Weiteren zeigt die molekulare Auflösung des Streifenmusters, dass jeweils sechs, respektive fünf, Moleküle zwischen diesen Linien liegen (gekennzeichnet durch die schwarzen Pfeile). Es fällt auf, dass die Moleküle rechts und links von den Streifen, sich von einer rechtwinkligen Einheitszelle erfassen lassen und durch eine größere Seperation ($d_{II}$ = 9,7 ± 0,5 Å) gekennzeichnet sind. Aus dem Vergleich der insgesamt überwiegenden schiefwinkligen Einheitszelle und den *van der Waals*-Dimensionen (16,8 Å × 7,6 Å × 2,5 Å vgl. Abb. 2.5 aus [156]) von PF-PEN mit dem atomaren Gitter der Ag(111)-Oberfläche ergibt sich eine planare Adorptionsgeometrie. Diese lässt sich lokal mit der dicht gepackten kommensuraten ($\begin{smallmatrix} 6 & 0 \\ 0 & 3 \end{smallmatrix}$) Überstruktur mit den Einheitszellenvektoren **b$_1$**=17,3 Å und **b$_2$**=8,6 Å beschreiben (vgl. Abb. **??**). Mit Blick auf die erwähnten *van der Waals*-Dimensionen und die Gittervektoren des Substrates (2,49 Å in ⟨112⟩-Azimutrichtung) lässt sich das charakteristische Streifenmuster nun als stressinduziert identifizieren, da bei der Annahme einer kommensuraten Passung der Moleküle auf der Oberfläche, drei Sub-

66   Kapitel 3. Ergebnisse zum Wachstum organischer Filme auf Metallen

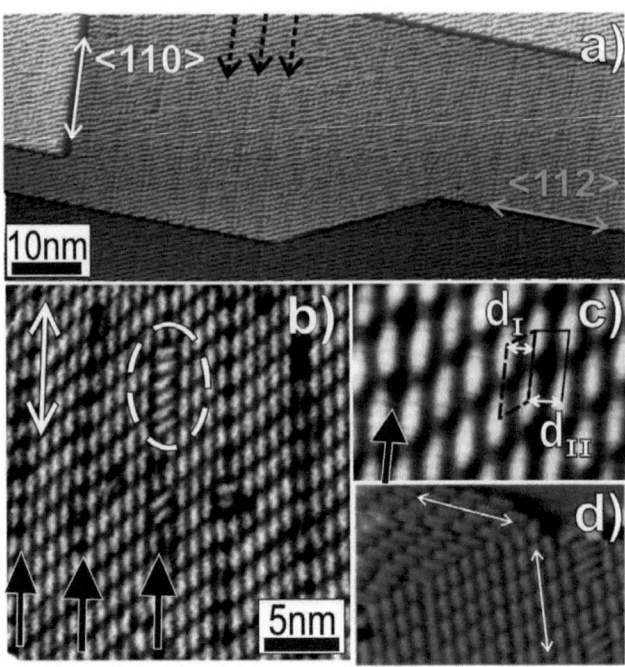

**Abb. 3.10:** Tieftemperatur STM-Aufnahmen einer PF-PEN-Monolage auf Ag(111) (T ≤ 35 K, $U_{Probe}$ = -2,6 V, I = 1 nA). Teilbild a) zeigt in einen Übersichtsscan die langreichweitige Ordnung sowie die Azimutrichtungen der Stufenkanten. In b-c) veranschaulichen hochaufgelöste Daten der ersten Monolage die lokale Anordnung der Adorbatmoleküle. Neben der offensichtlichen schiefwinkligen Einheitszelle fallen die mit den schwarzen Pfeilen gekennzeichneten Linien eines Versatzes der dominierenden Ordnung auf. Die Stromkarte in d) zeigt die Grenze zwischen zwei Rotationsdomänen von Molekülinseln

stratgittervektoren (3 × 2,49 Å = 7,47 Å) weniger Platz zur Verfügung stellen, als für die v. d. W.-Breite eines Moleküls (7,6 Å) benötigt werden. Auf Grund dieses *Mismatches* entsteht also eine Stresssituation der Molekülereihe in ⟨112⟩-Azimutrichtung, so dass alle sechs, respektive 5, Moleküle das dem Nachbarmolekül einen Adsorptionsplatz aufrücken muss. Das zusätzliche Platzangebot innerhalb dieser Versatzreihen - engl. *dislocation lines* - führt dann auch dazu, dass Moleküle um 90° rotiert adsorbieren können (vgl. weiß gestricheltes Oval in 3.10 b). Eine ähnliche Anordnung haben de Oteyza *et al.* auch schon für die Adsorption von PF-PEN Monolagen auf Cu(100) berichtet [167]. Wie bereits in der Eingangsbemerkung zu diesem Kapitel erwähnt wurde dabei aber lediglich eine sehr lokal begrenzte Adsorbatstruktur untersucht, die

## 3.4. Perfluoropentacen auf Ag(111)

mit den hier gezeigten, auf Basis des erarbeiteten Präparationsrezeptes - thermische Aktivierung für eine langreichweitig geordneten Struktur - hergestellten Monolagen, nicht unmittelbar vergleichbar ist.

Als weiteres Indiz für eine epitaktische Beziehung der Adsorbatschicht zum Substrat kann das Auffinden der in einer Stromkarte Abb. 3.10 d) gezeigten Rotationsdomänen $125° \pm 5°$ (gekennzeichnete durch die weißen Pfeile) gelten.

Für die Charakterisierung des weiteren Wachstums wurden bei Raumtemperatur zunächst kleinste Mengen (0,3-0,5 nm) an zusätzlichem PF-PEN auf die zuvor beschriebene definierte erste Monolage aufgedampft und anschließend ebenfalls mittels Tieftemperatur-Rastertunnelmikroskopie untersucht. Die in Abb. 3.11 a-b) gezeigten Aufnahmen untersuchen das anfängliche Wachstum von Molekülen der zweiten Lage, die offensichtlich eine ähnliche Vorzugsorientierung wie die Molekülen der ersten Lage aufweisen. In Einklang damit, zeigt dann auch die Mittelung einer hochaufgelösten STM-Aufnahme *correlated average* einer vollständig geschlossenen Bilage eine Orientierung entlang der $\langle 110 \rangle$-Azimutrichtung (vgl. Abb. 3.11 f). Es wird analog zur Monolage eine schiefwinklige, aber im Unterschied etwas größere Einheitszelle mit den Einheitsvektoren $\mathbf{b_3} = 18,3 \pm 1$Å und $\mathbf{b_4} = 9,4 \pm 0,5$Å erhalten. Die Daten der anfänglichen Monolage erlauben es nun, über einen *Linescan* (I und II in 3.11 c) aus Teilbild b) der hochaufgelösten STM-Aufnahmen der ersten und zweiten Lage, eine Zuordnung bezüglich einer Registrierung vorzunehmen. Die parallelen *Linescans* über benachbarte Moleküle weisen nämlich dabei - ähnlich der Registrierung an der Fehlstufenkante beim Wachstum einer Monolage PEN auf Cu(221), gezeigt in Abb. 3.3b-c) - einen Versatz von genau einer halben Molekülbreite auf. Die Moleküle der zweiten Lage liegen also immer ganau auf der Lücke von zwei Molekülen der ersten Lage. Eine Kreuzkalibrierung der Piezoelemente des Scanners mit der bekannten Stufenhöhe von monoatomaren Silberstufen der (111)-Oberfläche erlaubt es nun, die Höhendiffrenz von 2,3Å zwischen erster und zweiter Lage, bis auf eine Genauigkeit von $\pm$ 0,3Å, zu bestimmen. Der Wert ist damit in guter Näherung als die *van der Waals*-Dicke des PF-PEN-Moleküls zu identifizieren, was auf eine planare Adsorptionsgeometrie der zweiten auf der ersten Lage schließen lässt. STM-Aufnahmen über große Bereiche zeigen in Abb. 3.11 d) die langreichweite Ordnung der zweiten Lage über Terrassen der Fehlstufen hinweg. Dabei fällt eine untergründige Modulation in Form von hellen Streifen mit einer lateralen Periodizität von $71 \pm 5$Å auf (vgl. *Linescan* III in 3.11 c). Da sich diese Periodizität nicht direkt mit der für die *dislocation Lines* der ersten Monalage in Einklang bringen lässt, liegt die Vermutung eines *Moiré* Musters, hervorgerufen durch eine Kommensurabilität höherer Ordnung, nahe. Auf Basis der *van der Waals*-Dimensionen berechnet würden dabei 8 Moleküle der Bilage auf 9 Molekülen der Monolage und 30 Atomen des Silbersubstrates adsorbieren. Interessanter Weise konnte die geschlossene Bilage dabei mit außergewöhnlich hohen Tunnelströmen von mehr als 3 nA ohne Anzeichen von Beschädigungen abgebildet werden. Dies ist bemerkenswert, da STM an Molekülmultilagenfilmen, auf Grund ih-

68  Kapitel 3. Ergebnisse zum Wachstum organischer Filme auf Metallen

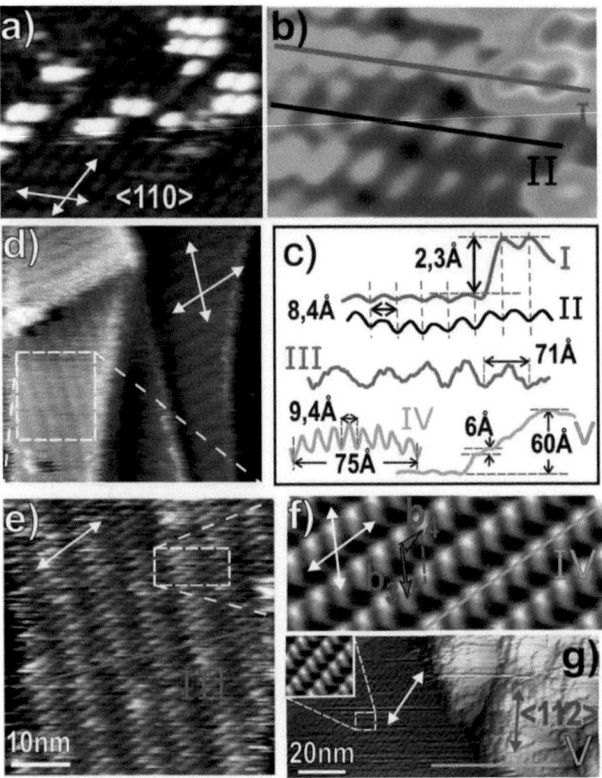

**Abb. 3.11:** Tieftemperatur STM-Aufnahmen einer PF-PEN Bilage auf Ag(111). Die Teilbilder a-b) zeigen die anfängliche Nukleation von Molekülen der zweiten Lage auf denen der ersten (U= -2,7 V, I= 47 pA). Aus der vergrößerten Falschfarbendarstellung in b) und den dazugehörigen *Linescans* in c) geht die Registrierung der Moleküle zueinander hervor. In d) ist die langreichweitige Ordnung einer geschlossenen Bilage (U= -0,7 V, I= 122 pA) zusammen mit einer Vergrößerung in e) und einem *correlated averaged* Bild in f) der molekularen Ordnung im Film in Hochauflösung gezeigt (U= +0,7 V, I= 3,3 nA). STM-Teilbild g) (U= -2,4 V, I= 0,4 nA) illustriert die Kante einer PF-PEN-Multilageninsel, gewachsen auf einer Bilage (*Inset*). Die in c) zusammengefassten *Linescans* III-IV verdeutlichen die makroskopische Korrugation der Bilage sowie ihre mikroskopische entlang der ⟨110⟩ Azimutrichtung (markiert durch die weißen Pfeile) des Substrates. *Linescan* V zeigt die Höhe der Insel in g) sowie eine Stufenhöhen an deren Kante.

rer geringen Leitfähigkeit, in der Regel nur mit sehr geringen Strömen ≤ 100 pA möglich ist [146].

### 3.4.3 Morphologie der Multilagenfilme

Die Deposition von weiteren Molekülen hat nun eine abrupte Änderung des bis dahin beobachteten *layer by layer*-Wachstums (*Frank van der Merve*-Wachstum) hin zum *Stranski-Krastanov*-Wachstum zur Folge (vgl. Abb. 1.6). Es bilden sich Inseln, deren Höhe die nominell aufgedampfte Schichtdicke um ein Vielfaches übersteigt. Die enstehende Rauhigkeit - in Form von Molekülkristallinseln - verhindert dann auch eine weiterführende Charakterisierung mittels STM. Auf Grund der geringen Leitfähigkeit ist es daher auch nur selten, wie in Abb. 3.11 g) gelungen, eine 6 nm hohe Insel, umgeben von einem Bilagenfilm rastertunnelmikroskopisch abzubilden. Auch wenn dabei keine molekulare Auflösung auf den Plateaus der Inseln erzielt werden konnte, war es möglich, molekulare Stufen mit einer Höhe von 6 $\pm 0,5$ Å an einer Kante der Insel zu identifizieren (vgl. *Linescan* in 3.11. Ein Vergleich mit Stufenhöhen eines aufrechten Packungsmotivs ($\approx$15 Å) der PF-PEN Moleküle wie auf $SiO_2$ gefunden [161], erlaubt nun den Rückschluss, dass es sich beim Wachstum auf Ag(111) um ein Motiv von Molekülen planar zur Oberfläche ausgerichtet, handelt. Weiterhin ist zu bemerken, dass die Stufenkanten der Inseln gleichmäßig senkrecht zu den Molekülreihen der Bilage ausgerichtet sind und damit ebenso eine azimutale Ausrichtung entlang der $\langle 112 \rangle$-Richtung aufweisen.

Das weitere Wachstum der Molekülmultilagenfilme wurde aus den beschriebenen Gründen mittels *tapping mode* AFM, *ex situ* an unterschiedlich dicken PF-PEN-Filmen untersucht. In Abb. 3.12 sind die gefunden typischen Strukturen für unterschiedlich dicke Filme auf einem Ag(111)-Einkristall sowie Ag(111)/*Mica* Substraten für unterschiedlich präparierte Filme zusammengefasst. Teilbild 3.12 a) zeigt dabei die Morphologie von separierten Inseln, eines nominell 8 nm dicken PF-PEN-Films, der bei Raumtemperatur aufgedampft wurde. Aus *Linescan* I in Abb. 3.12 d) geht hervor, dass die Inseln sich über einige Hundert nanometer erstrecken und bis zu 70 nm hoch sind. In dickeren Filmen (30 nm in Abb. 3.12 b), verbinden die Inseln sich dann zu einem Film, der sich aber immer noch durch eine sehr hohe Rauhigkeit auszeichnet. Dabei ergibt sich aus den Inseln und deren Zwischenräumen eine Rauhigkeit von ca. 180 nm, die in einem hier nicht gezeigten Höhenverteilungshistogramm über den gesamten in (b) gezeigten Scanbereich erhalten wurde. Bei genauerer Betrachtung der lateralen Struktur der Inseln fällt auf, dass sich diese an den Fehlstufenkanten des Substrates - die im AFM-Phasenbild in Abb. 3.12 a), gekennzeichnet durch die blauen Pfeile, Teilweise zu sehen sind - auszurichten scheinen. Der dabei beobachtete kurvenartige Verlauf der Ansammlungen von Stufenkanten - engl. *step bunches* - über mehrere Mikrometer, wurde z.B. schon von Bauer *et al.* in Ref. [199] für andere Metalloberflächen diskutiert. Die Proben zeigen auch nach mehreren Wochen an Luft keine Änderung in ihrer Morphologie.

Um nun strukturelle Informationen über die kristallinen Inseln der Oberfläche zu erhalten, sind Röntgenbeugungsmessungen an einem nominell 50 nm dicken Film

70   Kapitel 3. Ergebnisse zum Wachstum organischer Filme auf Metallen

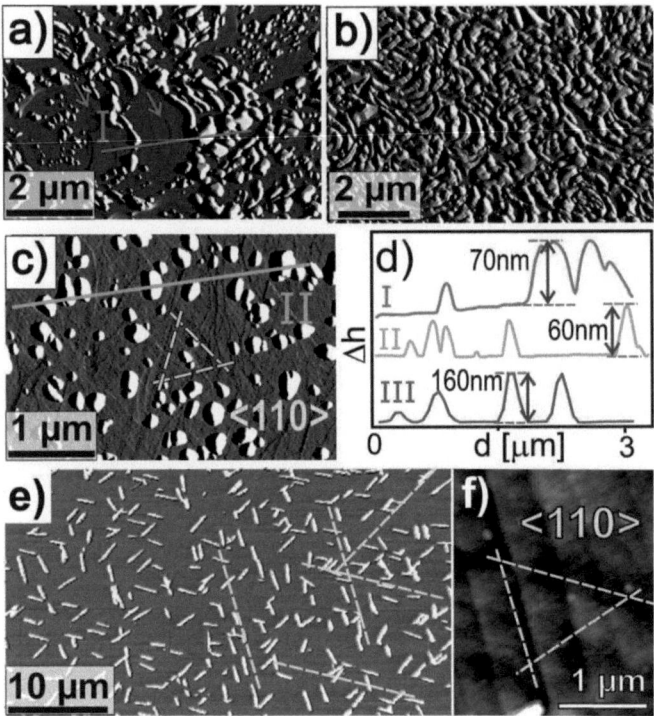

**Abb. 3.12:** *Tapping mode* AFM Aufnahmen von verschiedenen PF-PEN-Multilagenfilmen auf Ag(111): Teilbild a) zeigt ein nominell 8 nm und b) einen 30 nm dicken Film, aufgebracht bei RT auf einen Ag(111)-Einkristall. In c) ist ein 5 nm dicker Film auf einem Ag(111)/*mica* Substrat bei Raumtemperatur aufgedampft. Die Illustration d) zeigt die Morphologie eines 10 nm PF-PEN Films, aufgewachsen bei 330 K auf eine zuvor präparierte Monolage, ebenfalls auf einem Ag(111)/*Mica* Substrat. Die resultierenden Inseln zeigen eine gleichmäßige Ausrichtung entlang der, zur Verdeutlichung in f) nochmals vergrößert abgebildeten, Azimutal verlaufenden Stufenkanten des Substrates. In d) sind repräsentative Höhenprofillinien der verschiedenen Molekülfilme geplottet.

durchgeführt worden. In Abb. 3.13 ist dazu nun ein $\theta/2\theta$-Scan von PF-PEN auf Ag(111)/*Mica* gezeigt. Auf Grund der nur etwa 150 nm dicken epitaktischen Silberschicht werden neben Reflex der Ag(111)-Orientierung auch eine Reihe von Reflexen erhalten, die Ebenen des *Mica*-Substrates zuzuordnen sind. Trotzdem lässt sich aber bei $2\theta = 29{,}1°$ein nicht zum Substrat gehöriger Reflex einem Interlagenabstand von 3,06 Å zuordnen. Dieser wurde auch schon von Duhm *et al.* in Ref. [166] gefunden und als ein neuer Polymorphismus eines *Herringbone*-Motives, mit einem zur *Bulk*-Struktur unterschiedlichen Verkippungswinkel, beschrieben. Die Daten bestätigen damit auch, dass die Moleküle in Multilagenfilmen mit ihrer Moleküllängsachse parallel zur Oberfläche ausgerichtet wachsen. Die mittels STM gefundene Stufenhöhe von 6 Å lässt sich damit einer Doppelstufe zuordnen.

Für die Untersuchung des Einflusses der Oberflächenrauhigkeit auf das resultierende Wachstum wurden weitere PF-PEN-Filme auf besonders glatte Ag(111)-Oberflächen aufgebracht, die epitaktisch auf *Mica* aufgewachsen sind. Nach mehreren Reinigungszyklen im UHV wird auch von diesen Oberflächen im LEED ein Beugungsbild mit scharfen Reflexen erhalten sowie im AFM langreichweitig (> 500 nm) atomar glatten Terrassen mit Stufenkanten entlang der $\langle 110 \rangle$ Azimutrichtung (vgl. gelbe gestrichelte Linien in Abb. 3.12 c+f). Abbildung 3.12 c) zeigt nun die Morphologie einer bei RT aufgedampften, nominell 5 nm dicken, PF-PEN-Schicht auf ein solches Substrat. Es werden wieder um einige hundert Nanometer voneinander separierte Inseln erhalten, was für eine große Diffusionslänge der Moleküle an der Oberfläche spricht. Es scheint, als ob die Molekülinseln nicht an Stufenkanten nukleieren, sondern eher auf den Mitten der Terrassenstufen, wobei möglicherweise Domänengrenzen als Nukleationskeime dienen. Zur Untersuchung des Einflusses der zur Verfügung gestellten Oberflächendiffusionlängen dieser Substrate auf das erhaltene Wachstum wurden in weiteren Experimenten Multilagenfilme, auf zuvor - nach dem beschriebenen Rezept - präparierte Monolagenfilme bei erhöhter Temperatur (330 K) aufgedampft. Für eine Deposition von nominell 10 nm, wird dabei die in Abb. 3.12 e) gezeigte Morphologie von gleichmäßig großen, (Länge: 2-3 $\mu m$, Breite: 200-400 nm, Höhe: 100-180 nm) nadelförmigen Inseln erhalten, die einheitlich entlang der Stufenkanten der $\langle 110 \rangle$ Azimutrichtung ausgerichtet zu sein scheinen. Dass diese Stufenkantendekoration bei einer einstufigen Präparation (vgl. Abb. 3.12 c) nicht erhalten wird, verdeutlicht nochmals die Wichtigkeit der Struktur und der Domänengröße der ersten Monolage für das darauffolgende Wachstum.

## 3.5 Diskussion zum Wachstum von PF-PEN auf Ag(111)

In Abb. 3.14 sind die verschiedenen Stadien des Wachstums von PF-PEN auf Ag(111) in Schemazeichnungen zusammengefasst. Für das anfängliche Wachstum lässt sich darin aus den Ergebnissen eine langreichweitig geordnete (vgl. Abb. 3.14 a) planparallele Adsorptionsgeometrie der aromatischen Ringe zum Silbersubstrat aufzeichnen, die sich mit der kommensuraten Überstruktur ($\begin{smallmatrix} 6 & 0 \\ 0 & 3 \end{smallmatrix}$) der ersten Monolage beschreiben lässt. Die STM-Daten zeigen weiterhin, dass die Moleküle der Monolage einheitlich entlang der $\langle 110 \rangle$ Azimutrichtung ausgerichtet sind. Dabei ist zu bemerken, dass es die Methode nicht erlaubt, absolute Adsorptionsplätze anzugeben, wie die schematischen Zeichnungen in Abb. 3.14 b-c) vielleicht suggerieren mögen, sondern die An-

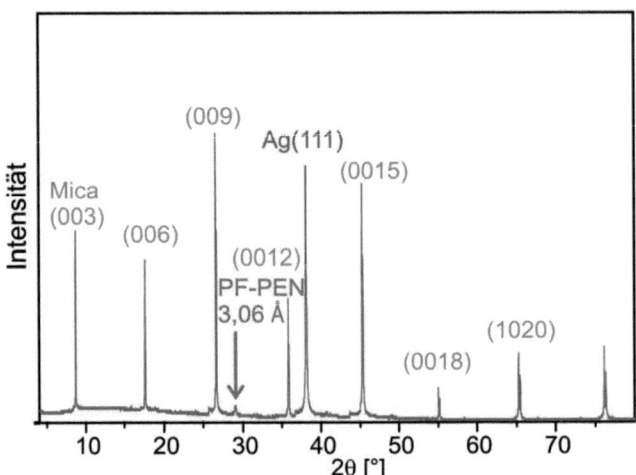

**Abb. 3.13:** $\theta/2\theta$-Scan einer nominell 50 nm dicken PF-PEN Schicht auf Ag(111)/*Mica*. Neben den deutlichen Substratpeaks vom *Mica* und der Ag(111)-Oberflächen fällt ein weitere Peak bei $2\theta = 29,1°$ auf.

ordnung auf Basis der erhaltenen Molekülabstände in Relation zum Ag(111)-Gitter bestimmt wurde. Da die PF-PEN/Silber-Wechselwirkung größer ist als die intermolekulare Wechselwirkung, wie durch die erhöhte thermische Stabilität der Monolage im Vergleich zur Multilage belegt wurde, bildet sich an der Grenzfläche eine dicht gepackte erste Monolage aus. Da diese kommensurate Registrierung aber auf Grund eines *Mismatches* zwischen Substratgitter entlang der $\langle 110 \rangle$ Azimutrichtung und Moleküldimensionen nicht exakt passt, entstehen in regelmäßigen Abständen die den STM-Bilder gezeigten sogenannten *dislocation Lines*. Die Tatsache, dass die Moleküle-Substrat-Wechselwirkung stärker ist als die Molekül-Molekül-Wechselwirkung im Kristall, erlaubt es weiterhin mittels selektiver thermischer Desorption (bei 380 K) von Multilagenfilmen gezielt langreichweitig geordnete Monolagenfilme zu präparieren. Dabei ist zu beachten, dass eine Temperatur von 400 K nicht überschritten werden sollte, da ab dieser Temperatur eine Dekomposition der Moleküle einsetzt, wie anhand der Serien von XP-Spektren an geheizten Filmen gezeigt wurde. Die Deposition von weiterem PF-PEN auf derart präparierte Monolagenfilme hat indessen die Ausbildung von langreichweitig geordneten Bilagenfilmen zur Folge. Dabei wird ebenso eine planare Adsorptionsgeometrie mit einer Ausrichtung parallel zur azimutalen Ausrichtung der Moleküle der Monolage erhalten. Allerdings zeichnen sie sich durch eine etwas größere Seperation aus, die sich auch in den vergrößerten Einheitsvektoren $b_3$ und $b_4$ im Vergleich zu den Pendants der Monolage $b_1$ und $b_2$ widerspiegeln. Dies

3.5. Diskussion zum Wachstum von PF-PEN auf Ag(111)  73

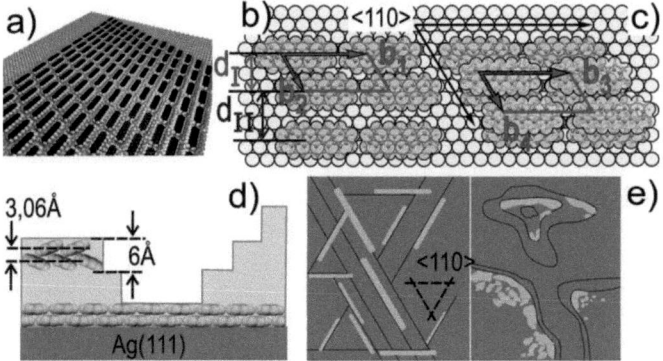

**Abb. 3.14:** In a) ist die langreichweitige Ordnung der Moleküle der ersten Lage illustriert. Die Teilbilder b) und c) zeigen die identifizierten Strukturmodelle der Mono- und Bilage von PF-PEN auf Ag(111). Bei weiterer Deposition von Molekülen werden d) voneinander separierte Inseln erhalten, die in der Struktur eines neuen Polymorphimus mit einem Interlagenabstand von 3,06 Å aufwachsen. Des Weiteren wird eine preferenzielle Nukleation von Molekülinseln an Stufenkanten beobachtet, wie in den Teilbildern e) schematisch für Ag(111)/*Mica* und die Ag(111) Einkristalloberfläche illustriert.

führt zu dem beschriebenen charakteristischen Streifenmuster in STM-Aufnahmen der Bilage, die eine zusätzliche Höhenmodulation andeuten und von einer Kommensurabilität höherer Ordnung der lateralen Anordnung der Moleküle zweiten Lage relativ zu denen der ersten Lage herrühren. Hochaufgelöste STM-Daten der anfänglichen Bilage und der darunter befindlichen Monolage zeigen mikroskopische Registrierung der Moleküllagen zueinander. Es wird ein Versatz erhalten, bei dem die Moleküle der zweiten Lage auf den Lücken zwischen den Molekülen der ersten Lage einrasten. Eine derartiges Packungsmotiv ist zwar für funktionalisierte Kohlenwasserstoffe wie PTC-DA oder PEN-Tetron - Stabilisierung auf Grund elektrostatischer Wechselwirkungen [187] - bekannt, wurde aber bisher weder bei den reinen noch bei fluorierten Kohlenwasserstoffen beobachtet. Stattdessen wird bei ihnen eine *Herringbone*-Anordnung gefunden. Bei der Zugabe von weitern Molekülen auf die Bilage von PF-PEN auf Ag(111) wird dieses Versatzmuster der Packung dann nicht fortgesetzt, sondern es findet eine abrupte Entnetzung des Molekülfilms, hin zum *Stranski-Krastanov*-Wachstum mit hohen alleinstehenden Insel statt. In diesen Inseln nehmen die Moleküle einen mittels XRD-Messungen belegten und auch von Duhm *et al.* gefundenen Polymorphismus eines *Herringbone*-Packungsmotives mit relativen Verkippungswinkeln, die sich von denen für die bulkkristalline Phase gefundenen unterscheiden, ein [166]. Da das erwähnte Motiv des Versatzes nur in der Bilage gefunden wird, scheint es sich um eine metastabile Phase zu handeln. Bei der Suche nach einer Erklärung für das Versatzmuster ist zunächst zu bemerken, dass eine coplanare Stapelung - *engl. stacking* - von unsubstituierten planaren Kohlenwasserstoffen auf Grund der sich abstoßenden Quadrupolmomente der molekularen π-Systeme verhindert wird. Weiterhin haben theoretische Berechnungen für das *Stacking* von Benzol ergeben, dass eine coplanare Stapelung durch die Einführung eines lateralen *Shifts* begünstigt wird [200, 201]. Auf Grund der Tatsache, dass dieses neue Packungmotiv nur in der Bilage gefunden wird, ist zu vermuten, dass es sich um eine zusätzliche Grenzflächenstabilisierung handelt. Da die elektronische Valenzstruktur des Moleküls bei einer Adsorption auf dem Metallen verändert wird, könnte dies auch eine Änderung des molekularen Quadrupols zur Folge haben. Dies würde wiederum auch dessen Wechselwirkung mit dem Quadrupolmoment der Moleküle der zweiten Lage verändern und so beispielsweise die Quadrupolrepulsion herabsetzen. Von der zweiten zur dritten Lage würde dieser Effekt dann fehlen und damit nicht zur Stabilisierung beitragen.

Das angesprochene Inselwachstum wurde auch schon bei der unfluorierten Species PEN beim Wachstum auf verschiedenen einkristallinen Metalloberflächen wie Ag(111) und Au(111) beobachtet [80, 153]. Bei diesen Systemen wird der Entnetzungsprozess aber bereits mit Beginn der zweiten Lage festgestellt und dem großen *Mismatch* zwischen chemisorbierter Monolage (planare Adsorptionsgeometrie) und dem *Herringbone*-Motiv der Kristallphase zugeschrieben. Die bessere Passung und die schwächere Molekül-Substrat-Wechselwirkung erlauben es dem hier untersuchten System nun eine epitaktische Relation bis hin zur zweiten Lage zu erzielen. Auf Grund der beobachteten Abbildbarkeit mittels bemerkenswert hoher Ströme im STM ist nun zu vermuten, dass die Bilage etwas stärker an die Monolage gebunden ist als die Multilage an die Bilage. In den TD-Spektren konnte aber dennoch keine zusätzliche Signatur gefunden werden, was auf einen sehr kleinen energetischen Unterschied im Vergleich zur Multilage hindeutet.

Ein weiteres interessantes Phänomen ist nun das stufenkanten induzierte Wachstum, welches bei der Charakterisierung des Mulilagenwachstums auf zuvor präparierten Monolagen auf Ag(111)/*Mica* Substraten beobachtet wurde. Ein derartiges stufenkanteninduziertes Wachstum ist bereits für andere molekulare Filme wie 1,4-Dihydroxyanthrachinon ebenfalls auf Ag (111)/*Mica*-Substraten [112] sowie Parasexyphenyl auf auf KCl(100) [117] gezeigt worden. Die unterschiedliche Morphologie der PF-PEN-Filme auf den verschiedenen Silberoberflächen (Ag(111) Einkristall und Ag(111)/*Mica* Substrate) spiegelt dabei die Relevanz der Mikrorauhigkeit sowie der Stufenverteilung und damit den Einfluss von Diffusionslängen auf das resultierende Wachstum wider. Da die erhaltene Morphologie aber auch in erheblichem Maße von der Präparationsprozedur abzuhängen scheint (Präparation in einem Schritt oder auf eine zuvor präparierte wohl definierte Monolage), zeigt sich auch der enorme Stellenwert der präzisen Kenntnis der thermischen Stabilität, der Struktur der ersten „Keimlage" - *engl. seed-layer* - sowie die Kontrolle von Substratdefekten für die Präparation von organischen Filmen.

# Kapitel 4

# Ergebnisse zum Wachstum organischer Filme auf TiO$_2$(110)

Auf der Suche nach einem Substrat für die Charakterisierung des Wachstums bei einer besonders schwachen Molekül-Substrat-Wechselwirkung ist zunächst das weit verbreitete und in ausgiebigen Studien untersuchte SiO$_2$ zu nennen [99, 108, 161]. Für das Multilagenwachstum von PEN und PF-PEN wird dabei ein typisches *Vollmer-Weber*-Wachstum, in Form einer aufrecht stehenden kristallinen Phase gefunden. Für PEN wird dabei aus Röntgenbeugungsdaten (u.a. aus *reciprocal space mapping*) eine schichtdickenabhängige Koexistenz aus einer Dünnfilm und einer volumenkristallinen Phase [202] und für PF-PEN nur eine der volumenkristallinen Phase sehr ähnliche gefunden [158, 161]. Da sich SiO$_2$ aber in der Regel nur Polykristallin darstellen lässt, ist seine Oberfläche nicht in der Lage, eine epitaktische Relation zwischen Substrat und Molekülfilmen zu vermitteln. Praktisch finden die auf die Oberfläche auftreffenden Moleküle kein atomar glattes diskretes Raster, in dem sie einrasten könnten, vor, sondern eine auf mikroskopischer Skala raue Korrugation von amorphem SiO$_2$. Aus diesem Grund sollte nun ein ähnlich schwach wechselwirkendes, aber eben im Gegensatz zum SiO$_2$ einkristallin wohldefiniert darstellbares Substrat verwendet werden, um darauf das Wachstum von PEN, PF-PEN und PEN-Tetron zu untersuchen.

Da einkristalline Metalloxidoberflächen seit Jahrzehnten vor allem im Bereich der Katalyseforschung weit verbreitet untersucht wurden, gibt es gerade auch über deren Oberflächeneigenschaften, wie beispielsweise von der TiO$_2$(110)-Oberfläche sowie von diversen ZnO-Oberflächen eine Reihe von ausführlichen Studien [203–205]. Neben den charakterisierten Eigenschaften finden sich dabei auch eine Reihe von Rezepten zur Präparation der Oberflächen. Dabei findet in der Regel die mittels der bereits bei der Metalloberflächenpräparation beschriebenen üblichen UHV Reinigungstechnik des zyklischen *Sputterns* und anschließenden Ausheilens Anwendung (vgl. Abb. 4.1 Weg A). Aus den Randbedingungen einer beabsichtigten schwachen Molekül-Substrat-Wechselwirkung sowie einer definierten Darstellbarkeit in Form von Einkristallinität der Oberfläche ergibt sich, dass gerade die anisotrope (110)-Oberfläche der rutilen Modifikation des TiO$_2$ ein interessantes Modelsystem für die Charakterisierung von Wachstumsphänomenen darstellt. So konnte bereits in einigigen Studien gezeigt werden, dass sich die anisotrope TiO$_2$(110)-Oberfläche (vgl. Abb. 2.11) beispielsweise für eine azimutale Ausrichtung von einkristallinen Sexyphenyl (p-6P)-Nanonadeln eignet [121, 122].

## 4.1 O$_2$-Verarmung von Metalloxidoberflächen: Präparation und Recycling

Wie bereits im einleitenden Teil der Arbeit beschrieben, hängt die Aussagekraft und Allgemeingültigkeit der Ergebnisse von Wachstumsstudien in sehr hohem Maße von der Güte der Darstellbarkeit der Substratoberflächen ab. Aus früheren Studien, in denen Metalloxideinkristalle mittels der weit verbreiteten UHV-Präparationsmethode (Weg A in Abb. 4.1) präpariert wurden, ist bekannt, dass es während des für die Ausheilung der Oberflächen notwendigen *annealing* Schrittes oberhalb von 1000 K zu einer partiellen O$_2$-Verarmung kommt [203, 206, 207]. Versuche, diese oberflächennahe, teilweise veränderte Stöchiometrie mittels Heizen (5-10 min @ 750-850 K je nach Oberfläche) unter partiellen Sauerstoffdruck ($p_{O_2} \approx 1 \times 10^{-6}$ mbar innerhalb der UHV-Kammer) zu restaurieren [208, 209], zeigen dabei nur mäßigen Erfolg. Es ist zu vermuten, dass der geringe Haftkoeffizient - *engl. sticking coefficient* - bei den verwendeten Temperaturen sowie die große Bindungsdissoziationsenthalpie von O$_2$ für die unzufriedenstellende Praktikabilität verantwortlich sind. In weiteren Studien, die von einer alternativen Präparationsmethode für den Erhalt von langreichweitig geordneten Metalloxidoberflächen berichten, werden beispielsweise ZnO-Oberflächen in einer einstufigen Präparation an Luft innerhalb eines Muffelofens geheizt. Ergebnisse aus AFM-Messungen zeigen daraufhin atomar glatte - in Abhängigkeit vom *Miscut* -, ausgedehnte Terrassenstufen erhalten, über deren atomare Ordnung aber keine Aussagen getroffen werden [210, 211].

Im Rahmen dieser Studie sollen nun die beiden Ansätze miteinander kombiniert werden, indem in einer zweistufigen Präparation zunächst mittels *Sputtern* im UHV (Ar$^+$-Ionen für 3 h bei 0,8 kV bei RT) die bei einem mechanisch polierten Einkristall unweigerlich vorhandene Trümmerschicht entfernt wird und anschließend durch Heizen (für 1 h bei 1200 K an Luft im Muffelofen) die Oberfläche langreichweitig ausgeheilt wird (vgl. Weg B in Abb. 4.1). Für die Charakterisierung der Mikrostruktur sowie der Morphologie wurden anschließend LEED- und AFM- Messungen durchgeführt. Um nun zu überprüfen, ob die Oberflächen den Ansprüchen eines UHV-Experimentes gerecht werden, sind die Proben nach dem *ex situ* Präparationsschritt außerdem mittels XPS auf Kontamination durch Kohlenstoff untersucht worden. Des Weiteren wird in einigen Studien zur TiO$_2$(110) Oberfläche [203, 206, 212] von einer Alterung der Kristalle, die sich in Form einer farblichen Änderung bemerkbar macht, berichtet. Auf Grund dessen soll untersucht werden, ob sich die vorgestellte Methode für ein Racycling derart O$_2$-verarmter Kristalle eignet. Außerdem wurden

## 4.2. Charakterisierung der Metalloxidoberflächen

ZnO-Oberflächen mit Rezepten aus der Literatur [208, 209] präpariert und in den oben beschriebenen Charakteristika mit den erhaltenen Oberflächen der neuartigen Herangehensweise verglichen.

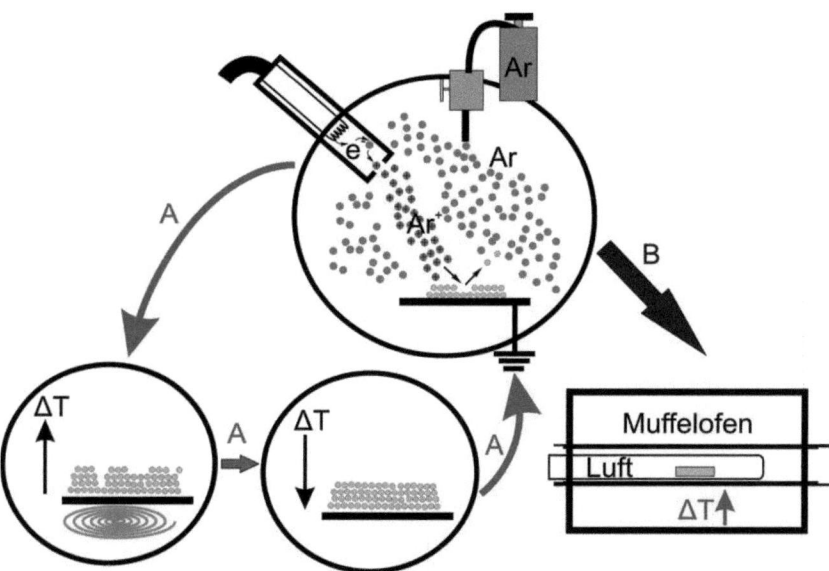

**Abb. 4.1:** Weg A stellt einen Sputter-Heizyklus innerhalb einer Vakuumapparatur in schematischer Weise dar. Weg B beschreibt eine alternative, zweistufige Route zur Präparation von Metalloxid-Einkristallen. Dabei wird die Probe nach einem Sputterzyklus im UHV zum Ausheilen der Oberfläche innerhalb eines Muffelofens an Luft geheizt.

## 4.2 Charakterisierung der Metalloxidoberflächen

### 4.2.1 TiO$_2$(110)

Die im Rahmen dieser Studie durchgeführten Experimente wurden an hydrothermisch gewachsenen TiO$_2$(110) Einkristallen von *CrysTec*, mit einer Rauigkeit rms < 0,5 nm und einer Genauigkeit von 0,5°zur angegebenen Oberfläche, durchgeführt. Eine nach dem oben beschriebenen Verfahren der zweistufigen Präparation hergestellte Oberfläche zeigt nun *ex situ* im *tapping mode* AFM-Bild die in Abb. 4.2 a) dargestellte Topographie von langreichweitig atomar glatten, durch die Stufen des Fehlschnittes getrennte Terrassen. Wie sich aus dem in (c) gezeigten Höhenverteilungshistogramm über (a) ergibt, werden dabei hauptsächlich Monostufen mit einem durchschnittli-

78  Kapitel 4. Ergebnisse zum Wachstum organischer Filme auf $TiO_2(110)$

chen Höhenunterschied von $\Delta h = 3{,}3\pm0{,}3$ Å erhalten (vgl. mit Ebenenabstand in Abb. 4.11 g). Für die Charakterisierung der strukturellen Ordnung wurde durch unmittelbares Einschleusen nach dem Heizvorgang im Muffelofen ins UHV, mittels LEED ein Beugungsbild der Oberfläche aufgenommen. Dabei wird das in Teilbild 4.2 e) gezeigte LEED-Bild (76 eV) mit besonders scharfen Reflexen der sauberen (1×1) Struktur der (110)-Oberfläche erhalten. Dass es sich nun um eine besonders hoch geordnete Oberfläche handelt, lässt sich des Weiteren aus hier nicht gezeigten LEED-Daten schließen, die bei Energien jenseits von 400 eV ein Beugungsbild mit deutlichen Reflexen und - für die verwendete Energie - bemerkenswert geringer Hintergrundstreuung aufweisen. Wie im einleitenden Teil erwähnt ergibt sich bei der klassischen UHV-Präparationsmethode das renitente Problem der $O_2$-Verarmung, die mit jedem durchgeführten Zyklus kontinuierlich erhöht wird und den Kristallen damit eine relativ überschaubare endliche Lebensdauer verleiht. Um dieses Problem nun zu charakterisieren wurden Kristalle einer zunächst im zweistufigen Verfahren präparierten und anschließend im UHV für 5 Minuten bei 950 K geheizten Oberfläche (absichtliche $O_2$-Verarmung) in ihrer Morphologie und der strukturellen Ordnung untersucht. In Abb. 4.2 b) ist nun die erhaltene typische Topographie einer derart präparierten Probe dargestellt. Die Topographie zeigt neben den Fehlstufen der Terrasse, die im Vergleich

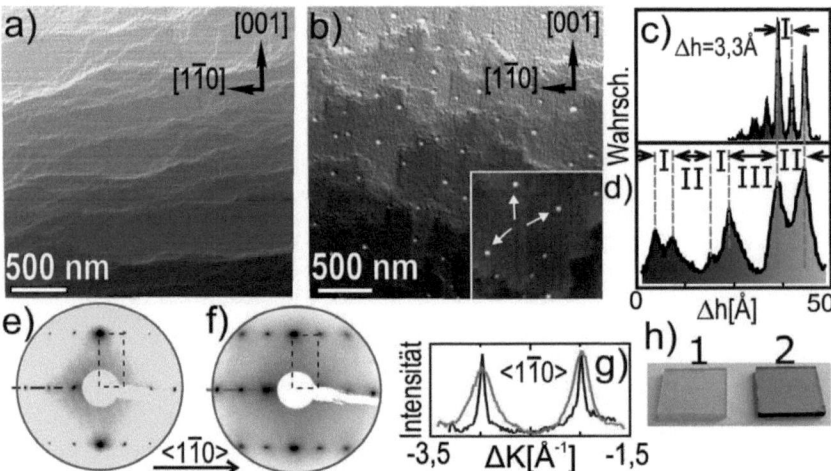

**Abb. 4.2:** Teilbild a) zeigt ein eine *tapping mode* AFM-Aufnahme einer $TiO_2(110)$ Oberfläche präpariert mit der zweistufigen Methode. Dazu gehören das Histogramm in c) sowie das LEED-Bild (76 eV, 360 K) in e) mit dem dazugehörigen blauen *Linescan* in g) und der optischen Fotographie 1 in h). Die Teilbilder b,d,f,g) und Foto 2 in h) zeigen die entsprechende Charakterisierung (LEED bei 78 eV, 360 K) einer durch Heizen im UHV (950 K), sauerstoffverarmten $TiO_2(110)$ Oberfläche.

## 4.2. Charakterisierung der Metalloxidoberflächen

zu (a) auf einer geringeren Längenskala atomar glatt sind, deutliche Punktdefekte in Form von runden Erhebungen (gekennzeichnet durch die weißen Pfeile). Da diese Artefakte ausschließlich auf den im Vakuum geheizten Oberflächen beobachtet wurden und auch reproduzierbar waren, sind sie keinem lokalen Defekt zuzuordnen, sondern einem repräsentativen Oberflächeneffekt. Aus dem Histogramm in Abb. 4.2 d) geht nun eine Aufspaltung in Einfach-, Doppel- und Dreifachstufen hervor. Im Vergleich zu der in (a) gezeigten Oberfläche fällt auf, dass die Separation im Histogramm wesentlich weniger scharf ausfällt. Des Weiteren erstreckt sich der Gesamthöhenunterschied der Höhenverteilungshistogramme, aufgenommen über vergleichbar große Flächen in b,d) über $\Delta h = 50$ Å und in a,c), über lediglich $\Delta h = 25$ Å. Dies unterstreicht die größere Homogenität der an Luft geheizten Probe. In Teilbild 4.2 f) ist nun ein Beugungsbild der im Vakuum für 5 min auf 950 K geheizten Probe direkt im Anschluss *in situ* aufgenommen worden. Im Vergleich zu (e) werden dabei wesentlich weniger scharfe Reflexe erhalten, die von deutlich sichtbarer Hintergrundstreuung umgeben sind. Zur Verifizierung dieses subjektiven Eindrucks, wurden mit Hilfe aus der *Scanning Probe* Mikroskopie bekannten Analysesoftware, *Linescans* über die Reflexe in [1$\bar{1}$0] Azimutrichtung gelegt und damit deren Ausdehnung charakterisiert. Für den Fall der an Luft geheizten Probe ergibt sich aus der Profillinie eine Halbwertsbreite *(FWHM)* von 0,2 Å$^{-1}$, was einer Kohärenzlänge $L$ von mehr als 31 Å entspricht. Für die O$_2$-verarmte Probe wird eine *FWHM* von 0,45 Å$^{-1}$ erhalten, was einer Kohärenzlänge $L = 14$ Å entspricht. Die Daten unterstreichen damit den Befund aus den topographischen Aufnahmen der AFM-Bilder und belegen den beschriebenen subjektiven Eindruck aus der Betrachtung der Beugungsbilder. Bei der visuellen Betrachtung der Proben fällt nun auf, dass die vermeintlich sauerstoffverarmte Probe einen deutlichen Farbunterschied zu der stöchiometrischen TiO$_2$ Oberfläche aufweist (vgl. Fotos der „perfekten" Abb. 1 in 4.2 h) mit dem Foto der verarmten Oberfläche 2 in Teilbild h). Die stöchiometrische Oberfläche ist dabei nahezu farblos transparent, während die verarmte Oberfläche eine „grau-blaue" Färbung aufweist.

Um die UHV-Tauglichkeit der erhaltenen Oberflächen zu belegen wurden die *ex situ* präparierten Oberflächen zunächst mittels XPS in der C1*s* Region auf Kohlenstoffrückstände untersucht. In den hier nicht gezeigten Spektren von Oberflächen die keiner weiteren Behandlung unterzogen wurden werden wie zu erwarten geringe Kohlenstoff Rückstände gefunden (vgl. dazu auch XP-Spektren einer ZnO-Oberfläche in Abb. 4.7). Diese ließen sich aber bereits durch kurzes *flashen* auf 750 K auf ein Minimum reduzieren und mittels eines zusätzlichen *Sputterzyklusses* vollständig entfernen. Es konnte gezeigt werden, dass sich mit geringem zusätzlichem Aufwand Oberflächen herstellen lassen, die den Ansprüchen eines UHV-Experiments genügen.

Die Abbildungen 4.3 d-e) zeigen nun XP-Spektren der stöchiometrischen und der O$_2$-verarmten TiO$_2$(110) Oberfläche der O1*s*- sowie die Ti2*p*-Region. Es wird deutlich, dass die Oberflächensensitivität von XPS nicht ausreicht, um Unterschiede in der Stöchiometrie zwischen der vermeintlich perfekten Oberfläche und der O$_2$-verarmten

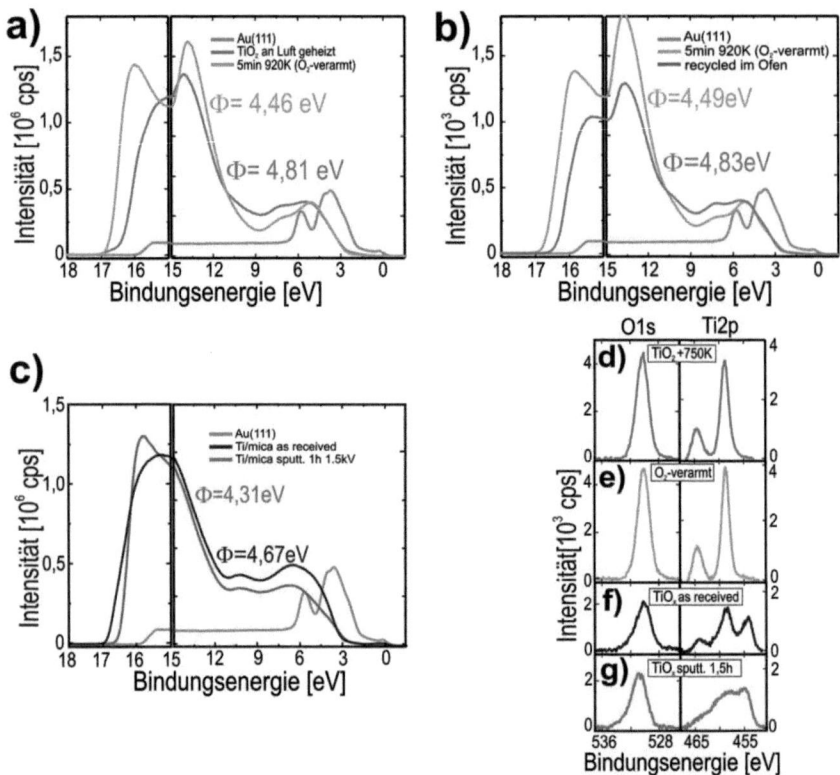

**Abb. 4.3:** Die Teilbilder a-c) zeigen UP-Spektren der unterschiedlichen Oberflächen jeweils referenziert auf die Fermikante der Au(111) Oberfläche. In a) ist jeweils ein UP-Spektrum der stöchiometrisch perfekten Oberfläche neben einer $O_2$-verarmten geplottet. Die Spektren in b) zeigen die nahezu identische Signatur an einer recycelten Oberfläche. In c) sind zum Vergleich UP-Spektren eines Ti-Spiegels mit natürlicher Oxidschicht abgebildet. In XP-Spektren d-g) sind die $O1s$- sowie die $Ti2p$ Region der stöchiometrischen $TiO_2(110)$ Oberfläche (d), der verarmten (e) sowie des undefiniert sauberen Ti-Spiegels (f) und des gesputterten Ti-Spiegels (g) geplottet.

Oberfläche ausmachen zu können. Die in Abb. 4.3 f-g) gezeigten XP-Spektren $O1s$- sowie die $Ti2p$-Region eines Ti-Spiegels (*as received*) und nach einem Sputterzyklus von 1,5 Stunden belegen die zu erwartende hohe Reaktivität von Ti an Luft und die daraus resultierende unweigerlich vorhandene Oxidschicht. Wie zu erwarten handelt es sich bei der Verarmung um ein oberflächliches Phänomen, dass sich auf Grund der zu hohen Ausdringtiefe der Röntgenphotoelektronen nicht einfach mittels XPS verifizie-

## 4.2. Charakterisierung der Metalloxidoberflächen

ren lässt. Aus diesem Grund wurde die wesentlich oberflächensensitivere Variante der Photoelektronenspektroskopie die UPS zur Charakterisierung der Einkristalle eingesetzt. Aus den UP-Spektren in Abb. 4.3 a) lässt sich nun ein deutlicher Unterschied zwischen der stöchiometrischen und der verarmten Oberfläche erkennen. Für eine Kalibrierung der Spektren wurde nun zusätzlich UP-Spektren von Au(111) aufgenommen und die Fermikante als Nullpunkt definiert. Dies ist notwendig, da $TiO_2$ auf Grund seiner halbleitenden Eigenschaften keine spektroskopierbaren Zustände im Bereich des Ferminiveaus aufweist. Für die stöchiometrisch perfekte Oberfläche wird nun eine Austrittsarbeit von $\Phi = 4,81$ eV erhalten und für die absichtlich $O_2$-verarmte Oberfläche mit $\Phi = 4,46$ eV eine deutlich geringere Austrittsarbeit erhalten. In Teilbild (b) konnte nun die Reversibilität des Präparationsverfahrens belegt werden, in dem die in (a) gezeigte verarmte Oberfläche durch Heizen an Luft recycelt wurde und anschließend erneut mittels UPS untersucht wurde. Die erhaltene Signatur ist dabei vergleichbar mit der in (a) gezeigten der stöchiometrisch perfekten Oberfläche ($\Phi = 4,83$ eV). Abbildung 4.3 c) zeigt nun die UP-Spektren eines Ti-Spiegels, überzogen mit einer nativen Oxidschicht. Für den sauberen Ti-Spiegel (gereinigt durch *Sputtern* mit $Ar^+$-Ionen für 1,5 Stunden im UHV) wird eine Austrittsarbeit von $\Phi = 4,31$ eV erhalten und für den nach dem Einschleusen ins Vakuum unbehandelten (*as received*) Ti-Spiegel eine von $\Phi = 4,67$ eV erhalten. Das Spektrum des sauberen Ti-Spiegels zeigt, dabei als einziges der Spektren einen charakteristischen Peak bei 0,6 eV. Dieser ist nach einheitlicher Meinung der Referenzen [213–215] $Ti^{3+}$ zuzuordnen.

Bei der Diskussion der Ergebnisse der UP-Spektroskopie ergeben sich nun einige Schwierigkeiten in der Literatur Spektren zu finden, die von vergleichbaren Oberflächen resultieren. Wie bereits im einleitenden Teil beschrieben, finden sich unter den Ergebnissen UHV basierender Charakterisierungsmethoden in der Regel nur Spektren $O_2$-verarmter Oberflächen, deren Peakzuordnung sich nicht ohne weiteres auf die hier untersuchten Oberflächen übertragen lässt. So finden sich für den absoluten Wert der Austrittsarbeit einer perfekten $TiO_2(110)$ Oberfläche sehr unterschiedliche Werte in der Literatur, die nur eine Aussage über den Vergleich der Tendenzen zulassen. Dabei erhalten Chung et al. [214] für eine zunächst angeblich perfekt geordnete Oberfläche eine Austrittsarbeit von $\Phi = 5,5$ eV, während diese durch nach Beschuss mit $Ar^+$-Ionen (P = $6,7 \times 10^{-5}$ mbar, 2 kV) auf $\Phi = 4,6$ eV gesenkt wurde. Ähnliche Tendenzen im Verhalten werden auch von Henrich et al. beobachtet, die ebenfalls eine Kausalität zwischen der Sauerstoffverarmung und einer damit einhergehenden Verringerung der Austrittsarbeit feststellen. Es ist zu bemerken, dass in beiden Arbeiten zunächst von im Vakuum bei 900-1100 K geheizten Proben ausgegangen wird, die nach den hier vorgestellten Erkenntnissen bereits eine Sauerstoffverarmung aufweisen. Das Spektrum ist daher mit dem hier erhaltenen der absichtlich $O_2$-verarmten Oberfläche zu vergleichen. Analog findet sich in beiden Spektren kein Anzeichen von Ti3+. In den Arbeiten wird diese als vermeitlich „perfekt geordnete" Oberfläche mittels $Ar^+$-Ionen Beschuss $O_2$-verarmt. Es wird eine Rekonstruktion hin zu einer $Ti_2O_3$-Oberfläche beobachtet, die auf die Bildung von $Ti^{3+}$-Ionen (im UP-Spektrum) zurückgeführt wird. Einhergehend damit wird von Henrich et al. des Weiteren von einer Verschiebung der Bandlücke von 3,03 eV zu 3,9 eV berichtet. Da sich weder in den UP-Spektren der stöchiometrischen noch in denen der verarmten Oberfläche Anzeichen für $Ti^{3+}$ nachweisen lassen, ist die beschriebene Rekonstruktion hin zur $Ti_2O_3$-Obefläche für die untersuchten Proben auszuschliesen. Trotzdem kann die Tendez einer abnehmenden Austrittsarbeit mit zunehmender $O_2$-Verarmung bestätigt werden. Es konnte daher gezeigt werden, dass ein absoluter Vergleich der Studien mit den hier gezeigten Ergebnisse nicht zulässig ist, sich aber Tendenzen bestätigen lassen. Aus der Ergebnissen im Kontext der Literatur lässt sich schlussfolgern, dass die bei der $O_2$-Verarmung enstandenen, AFM beobachteten Ti-Cluster kein $Ti^{3+}$ enthalten.

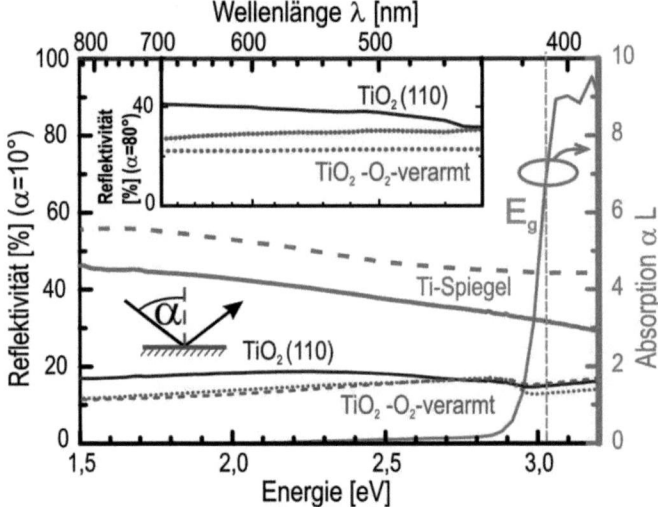

**Abb. 4.4:** Raumtemperatur Reflexionsspektren von $TiO_2(110)$ unter nahezu senkrechtem ($\alpha = 10°$) Einfall für die unterschiedlichen Oberflächen über den sichtbaren Bereich unterhalb der Bandlücke. Als Referenz ist die lineare Adsorption vom $TiO_2$-Volumenkristall in Transmissionsgeometrie gemessen (hellblaue Kurve). Die grüne Kurve zeigt die gemessene Reflexion eines Ti-Spiegels, überzogen mit einer natürlichen Oxidschicht neben der theoretisch berechneten (grün gestrichelte). Die dunkelblaue Kurve zeigt die Reflexion für die stöchiometrisch „perfekte", neben der teilweise $O_2$-verarmten (rot gepunktet) und der stark $O_2$-verarmten (rot gestrichelt) $TiO_2(110)$ Oberfläche. Der schwarzen Kurven im *Inset* zeigen bei gleicher Zuordnung die entsprechenden Messdaten unter streifendem Einfall ($\alpha = 80°$).

Für eine weitere Verifizierung der in 4.2 h) gezeigten, visuell warnehmbaren Verfärbung der sauerstoffverarmten $TiO_2(110)$ Oberfläche wurden in Kooperation mit

## 4.2. Charakterisierung der Metalloxidoberflächen

der experimentellen Halbleiterphysik in der AG von PD. Dr. S. Chatterjee Reflexionsspektren bei Raumtemperatur unter Verwendung einer Weißlichtquelle und einem Doppelprismamonochromator mittels *line-scannig* aufgenommen. Die Spektren sind anschließend auf die rückseitige Reflexion entsprechend der *Fresnel*-Formel für senkrechten Einfall korrigiert. Dabei wurden zwei sphärische Spiegel, einerseits für die Abbildung des Lichtes auf der Probe und andererseits als Kollektor für die gespiegelte Reflexion, verwendet. Für die Detektion wurde eine Photomultiplier Röhre unter Verwendung der *lock-in* Technik genutzt. Die lineare Absorption wurde unter dem *Brewster*-Winkel in Transmissionsgeometrie mit derselben Optik vermessen.

Abbildung 4.4 zeigt nun die grüne Reflexionskurve des Ti-Spiegels mit der nativen Oxidschicht unter nahezu senkrechtem Einfall ($\alpha = 10°$). Im Vergleich dazu weißt das nach der *Fresnel*-Formel über den Brechungsindex aus Ref. [216] berechnete theoretische Spektrum eine wesentlich höhere Reflektivität auf. Es ist daher zu bemerken, dass die native Oxidschicht an der Ti-Luft Grenzfläche die Reflektivität in erheblichem Maße herabsetzt. Die dunkelblaue und die roten Kurven zeigen nun die Reflektivitätsspektren der unterschiedlichen $TiO_2$ Oberflächen. Zu Referenzzwecken zeigt die hellblaue Kurve ein gemessenes Adsorptionsspektrum. Es fällt auf, dass alle Spektren im Bereich der Energie der Bandlücke von $TiO_2$ (3,05 eV) [217] eine deutliche Änderung in ihrer Reflektivität aufweisen. Wie zu erwarten zeigen die stöchiometrischen Oberflächen dabei eine sehr gute Übereinstimmung mit den nach der *Fresnel*-Formel unter Verwendung des Brechungsindices aus Ref. [218] berechneten Spektren. Die $O_2$-verarmten Oberflächen zeigen dagegen über den gesamten Spektralbereich eine reduzierte Reflektivität. Es ist zu vermuten, dass es sich bei denen im Rahmen der AFM-Datenanalyse diskutierten Punktdefekten um Ti-Cluster handelt, die in den Reflexionsmessungen eine zusätzlichen Beitrag in Form von Zerstreuung leisten. Um diese Vermutung zu untermauern, wurden zusätzliche Messungen unter streifendem Einfall durchgeführt. Diese Geometrie des Aufbaus ist auf Grund der wesentlich geringeren Eindringtiefe des optischen Feldes deutlich oberflächensensitiver. Analog zu den Erkenntnissen der senkrechten Geometrie ($\alpha = 80°$) wird dabei eine deutlich reduzierte Reflektivität der $O_2$-verarmten Oberfläche im Vergleich zu der stöchiometrischen beobachtet. Es ist offensichtlich, dass die am stärksten verarmte Oberfläche über den gesamten Spektralbereich die geringste Reflektivität aufweist. Dies lässt sich wiederum auf die erhöhte Ti-Clusterkonzentration zurückzuführen.

Es konnte gezeigt werden das sich mit der zweistufigen Präparationsmethode extrem glatte hochgeordnete $TiO_2(110)$ Einkristalloberflächen ohne die Gefahr einer Sauerstoffverarmung darstellen lassen. Des Weiteren eignet sich die Methode zum Recyceln von extrem $O_2$-verarmten Oberflächen. Unter der Verwendung komplementärer Techniken konnte außerdem eine Verifizierung der, in Kausalität mit dem Grad der $O_2$-Verarmung einhergehenden zunehmenden Verfärbung vorgenommen werden. Es gibt einige Hinweise, dass die im AFM beobachteten Defektpunkte die Verfärbung verursachen und sehr wahrscheinlich auf die Bildung von Ti-Clustern zurückzuführen sind.

## 4.2.2 ZnO(0001)-Zn, ZnO(000$\bar{1}$)-O und ZnO(10$\bar{1}$0)

Auf Grund des großes Erfolges der zweistufigen Präparationsmethode bei den TiO$_2$ (110) Rutileinkristallen wurden im Rahmen dieser Arbeit auch die sauerstoffterminierte (ZnO(000$\bar{1}$)-O), die zinkterminierte (ZnO(0001)-Zn) und eine gemischtterminierte (ZnO(10$\bar{1}$0) ZnO-Oberfläche (vgl. Abb. 2.11) mittels der Methode präpariert und anschließend mittels LEED, AFM und XPS charakterisiert. Alle Experimente wurden dabei mit hydrothermisch gewachsenen-ZnO Einkristallen von *CrysTec*, mit einer Rauigkeit rms < 0,5 nm und einerGenauigkeit von 0,5 °zur angegebenen Oberfläche, durchgeführt. Der *Inset* in Teilbild 4.5 a) zeigt nun ein typisches LEED-Bild einer ZnO(0001)-O-Oberfläche, die mittels der beschriebenen zweistufigen Präparation hergestellt wurde. Durch unmittelbares Einschleusen ins UHV wird dabei ein deutlich ausgeprägtes (1×1) Beugungsmuster mit besonders scharfen Reflexen und sehr geringer diffuser Hintergrundstreuung erhalten. Die hohe Ordnung lässt sich weiterhin durch hier nicht gezeigte LEED-Bilder belegen, in denen über einen Energiebereich der einfallenden Elektronen von ca. 40-300 eV keinerlei Reflexe einer Überstruktur oder ein merklicher Anstieg der diffusen Hintergrundstreuung beobachtet wird. So ergibt sich aus *Linescans* über das gezeigte Beugungsbild eine Halbwertsbreite *(FWHM)* von 0,1 Å$^{-1}$ und damit eine Kohärenzlänge $L$ von mehr als 60 Å. Eine Verbesserung dieses Wertes konnte auch nach Durchführung von zusätzliche Sputter-Heizzyklen nicht beobachtet werden.

Die dazugehörigen AFM-Aufnahmen in den Teilbildern 4.5 a-b) zeigen nun eine sehr ebene Oberfläche mit einer durchschnittlichen Ausdehnung der atomar glatten Terrassen von ca. 700 nm, die durch gleichmäßige Stufen voneinander getrennt sind. Wie aus dem Histogramm in c) über Teilbild d) hervorgeht, wird dabei - nach Kreuzkalibrierung mittels Au(111)-Monostufen auf besser als ± 0,5 Å bestimmbar - eine einheitliche Höhe von ca. 3 Å erhalten. Diese stimmt in guter Näherung mit der Separation von benachbarten Zn-O-Atomen von $c/2 = 2,6$Å überein, weshalb davon ausgegangen werden kann, dass die Terrassen durch Monostufen voneinander getrennt sind. Während der makroskopische Verlauf der Stufenkanten durch den *Miscut* vorgegeben ist, wird bei einer mikroskopischen Betrachtung der Kanten ein deutliches Ausfransen der Kanten offensichtlich. Im vergrößerten Teilbild 4.5 b) sind dabei Löcher und Adinseln von der Tiefe/Höhe einer Zn-O-Lage auf den Terrassenstufen zu sehen.

Um nun die Notwendigkeit des anfänglichen *Sputterns* zu belegen, wurde eine Probe der selben Charge ohne vorherigen Sputterschritt im Muffelofen an Luft geheizt. In den dazugehörigen LEED-Bildern wird nun eine ($\sqrt{3} \times \sqrt{3}$)rot 30° Überstruktur, mit schwachen Zusatzreflexen einer (6×6) Überstruktur erhalten (vgl. Abb. 4.5 d-e). Eine Facettierung kann dabei ausgeschlossen werden, da sich bei einer Änderung der Energie alle Beugungsreflexe in radialer Form um den Spiegelreflex bewegen. In

## 4.2. Charakterisierung der Metalloxidoberflächen

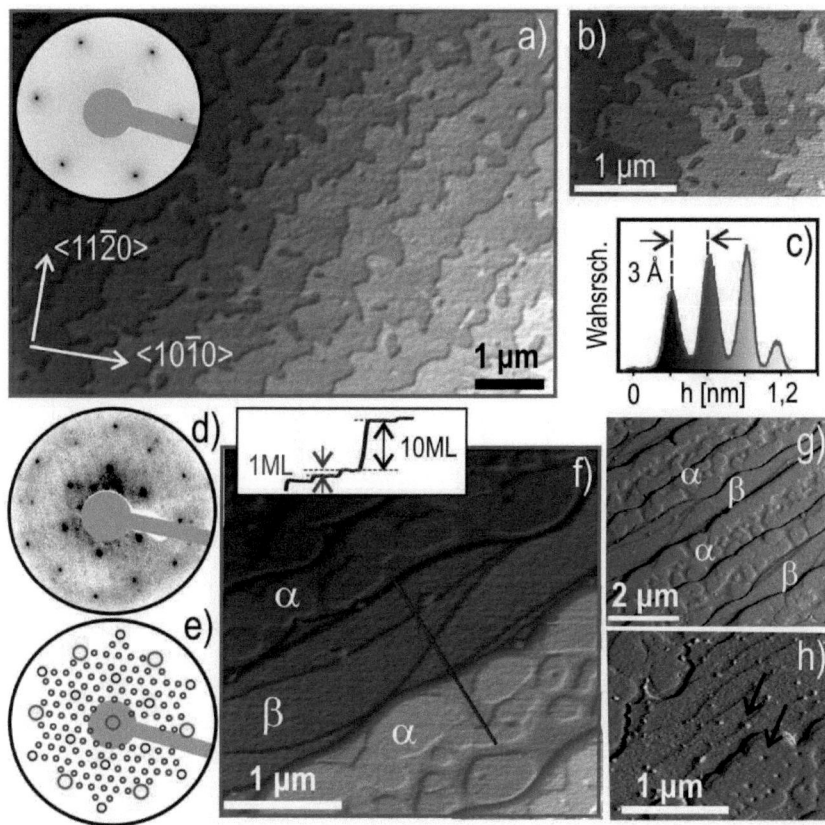

**Abb. 4.5:** LEED und AFM-Daten einer ZnO(0001)-Zn-Oberfläche. In (a) zeigt eine mittels *Sputtern* (3h bei 850 eV) und Heizen im Muffelofen (20 min Aufheizen, 60 min bei 1200 K, 40 min Abkühlen in einem Quarzglasrohr) hergestellte Probe mit einem dazugehörigen LEED-Bild bei E=73 eV. Die Teilbilder (b-c) zeigen die Beschaffenheit der Stufen mit dem dazugehörigen **Histogramm** der Höhenverteilung zur Verdeutlichung der Stufenhöhen. (d) zeigt eine LEED-Aufnahme (61 eV) einer ohne vorherigen Sputterzyklus an Luft geheizten Probe. Es wird die in (e) schematisch dargestellte ($\sqrt{3} \times \sqrt{3}$)rot 30° + (6×6) Überstruktur erhalten. Ein dazugehöriges AFM-Bild in (g) zeigt eine im Vergleich zu (a-b) deutliche andere Morphologie, die sich auch in den Stufenhöhen ablesen lässt. In den weitern Teilbildern (g-h) ist gezeigt, dass durch einfaches Heizen - ohne vorherigen Sputterzyklus - präparierte Proben schneller altern.

den dazugehörigen AFM-Daten in Abb. 4.5 f-g) werden daraufhin ebenfalls atomar glatte Terrassen erhalten, die teilweise mit runden Adinseln einer Monolagenhöhe bedeckt sind erhalten (mit $\alpha$ markiert) sowie durch Multistufen (8-10 Monolagen vgl. *Linescan*) davon getrennte Bereiche, auf denen sich keine Adinseln befinden (mit $\beta$ markierte Bereiche). Diese Ansammlung von Stufen nennt man auch *step bunching*. Als Erklärung für die Ansammlung der Adinseln könnte die Formierung von kleinen Kristallitten, die sich beim Heizvorgang aus nicht stöchiometrischen Polierrückständen gebildet haben, gelten. Bereits nach ca. 2 Stunden an Luft wurden an derselben Probe dann bereits erste Alterungserscheinungen festgestellt, wie sich an den durch die schwarzen Pfeile gekennzeichneten Adpunkten und Vertiefungen in 4.5 h) zeigt. Es ist zu bemerken, dass nach erneutem Durchlaufen der zweistufigen Präparation, wieder eine wie oben gezeigte, wohldefinierte (1×1) Struktur mit scharfen Beugungsreflexen erhalten wird und damit wie schon bei den TiO$_2$(110) Oberfläche die Möglichkeit des Recyclings belegt wird. Ein in früheren Studien, an nasschemisch geätzten und anschließend an Luft geheizten, laut XPS-Messungen kontaminationsfreien Oberflächen beobachtete Überstruktur auf ZnO(0001)-Zn, konnte im Rahmen dieser Studie nicht belegt werden [219]. Valtiner et al. berichten dabei, dass je nach Luftfeuchtigkeit der Atmosphäre in der die Probe geheizt wird, entweder eine (2×2) oder eine ($\sqrt{3}\times\sqrt{3}$) rot 30° Überstruktur erhalten wird und damit einer OH-Gruppen Stabilisierung der polaren Oberfläche zuzuordnen ist. Im Gegensatz dazu wurde im Rahmen dieser Studie nur auf der ungesputterten Oberfläche eine Überstruktur gefunden, während auf den anderen ausschließlich eine deutliche (1×1) Struktur beobachtet wird, die sich auch durch weiteres Heizen im UHV nicht verändert.

Als nächstes wurde auch die sauerstoffterminierte ZnO(000$\bar{1}$)-O Oberfläche mittels des zweistufigen Prozesses präpariert. Dabei wird ebenfalls eine ausgeprägte (1×1) Struktur mit einer geringen Hintergrundstreuung und ohne jegliche Überstruktur erhalten (vgl. Abb. 4.6 a). Für eine weitere Verifizierung der Präparationsmethode wurde nun eine Probe aus derselben Charge mittels der in der Literatur beschriebenen Methode des zyklischen *Sputterns* (800 eV für 20 min) und anschließendem *Annealing* (5 min bei 850 K) durchgeführt und mittels LEED charakterisiert [207]. Nach 20 Zyklen dieser zeitintensiven Methode wird dann das in Abb. 4.6 b) gezeigte, im Vergleich zu a) durch wesentlich mehr Hintergrundstreuung ausgezeichnete, LEED-Bild erhalten. Dabei sind die Beugungsreflexe der hexagonalen Struktur deutlich sichtbar, aber im Vergleich zu a) substanziell breiter. Zur Quantifizierung dessen wurde dann wiederum aus der *FWHM* der *Peaks* (vgl. *Linescans* der Beugungsreflexe in 4.6 c) die Kohärenzlänge bestimmt, wobei 50 Å auf der in zwei Stufen präparierten Probe gegenüber 20 Å auf der innerhalb von 20 Zyklen präparierten Probe als Ergebnis stehen. In anderen Studien wurde für den Erhalt eines zufriedenstellenden LEED-Bildes von bis zu 30 durchzuführenden Zyklen für die Präparation der sauerstoffterminierten Oberfläche berichtet und von mindestens Zehn notwendigen Zyklen für die Präparation der zinkterminierten Oberfläche berichtet. Aus der unter-

## 4.2. Charakterisierung der Metalloxidoberflächen

schiedlichen Anzahl der notwendigen Zyklen leitet sich ein Unterschied in der Oberflächenreaktivität der beiden polaren ZnO-Oberflächen ab. Weiterhin durchgeführte AFM-Messungen an der Probe zeigen dann auch die exzellente Qualität der Oberfläche, die über einen Bereich von durchschnittlich 500 nm ausgedehnte, atomar glatte Terrassen aufweist (vgl. Abb. 4.6 d). Die Terrassen sind durch diskrete Stufenhöhen von 3 ± 0,5 Å voneinander getrennt, was wiederum das Vorhandensein von Monolagenstufen belegt. Auf den ersten Blick wirken die Stufenkanten auch hier wieder zerklüftet, was sich aber bei genauerer Betrachtung der aus den LEED-Bildern bekannten Azimutrichtung weiter verifizieren lässt. So lassen sich die Stufenkanten in diskrete Teilstücke der $\langle 11\bar{2}0 \rangle$ Azimutrichtung einteilen (vgl. weiß gestrichelte Linien in Abb. 4.6 d). Aus einer quantitativen Analyse der Terrassenteilstücke ergibt sich ein makroskopischer *Miscut*-Winkel von $\theta < 0{,}1°$, was bedeutet, dass die erhaltene Ausdehnung der Terrassen nur von der Exaktheit der Oberflächenorientierung und damit vom *Miscut* abhängt. Um nun die Reinheit der aus der Zweistufenpräparation

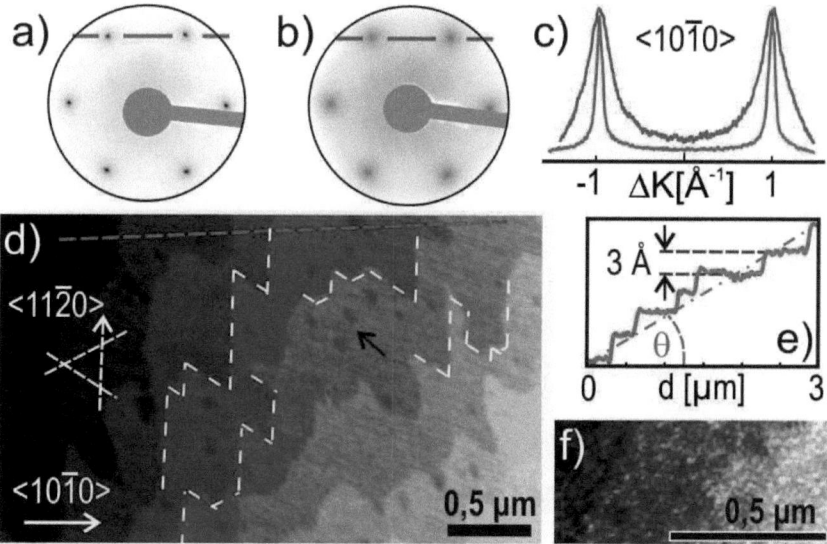

**Abb. 4.6:** (a-b) zeigt den Vergleich zweier LEED-Bilder (58 eV) einer ZnO(000$\bar{1}$)-O-Oberfläche, wobei (a) an Luft geheizt wurde und (b) mittels Sputter- Heizzyklen im UHV präpariert wurde. In (c) für die Bestimmung der Kohärenzlänge eine normierte Profillinie über die Beugungsreflexe geplottet. (d) zeigt ein AFM-Bild einer an Luft geheizten Oberfläche unmittelbar danach mit den eingezeichneten Azimutrichtungen und einem Linescan in Teilbild (e). Die (f) abgebildete Oberfläche ist nach 2 Tagen an Luft mit punktförmigen Adsorbaten bedeckt.

hervorgehenden Oberfläche zu charakterisieren, wurden wie schon bei der TiO$_2$(110) Oberfläche exemplarisch, an der reaktiveren der beiden ZnO-Oberflächen (sauerstoffterminierten Oberfläche) XPS-Messungen durchgeführt. Dabei sind sowohl Spektren von Proben die nach dem Heizvorgang zunächst 5 Stunden an Luft aufbewahrt wurden bevor sie ins UHV eingeschleust wurden sowie Spektren von Proben die mittels eines zusätzlichen Heizzyklus gereinigt wurden aufgenommen worden. Abbildung 4.7 a) zeigt nun ein XP-Spektrum der C$1s$-Region einer ZnO($000\bar{1}$)-O-Oberfläche direkt nach dem Einschleusen ins UHV. Es wird ein deutliches Kohlenstoffsignal erhalten, dessen Intensität sich durch kurzzeitiges (5 min) Heizen auf 400 K merklich verringern lässt und nach einem *flashen* auf 800 K nahezu vollständig im Rauschen untergeht (vgl. Übersichtsscan sowie Zusatzscan über die C$1s$-Region in Abb. 4.7 b). Nach einem *Sputter*-Heizzyklus ist anschließend kein Kohlenstoffsignal auf der Oberfläche mehr detektierbar.

Bei einem Vergleich zu früheren STM-Studien an im UHV präparierten ZnO($000\bar{1}$)-O-Oberflächen fällt auf, dass von charakteristischen hexagonalen Löchern und Doppelstufen zwischen den Terrassen berichtet wird [207]. So wurden im Rahmen dieser Studie zwar auch Löcher auf den Terrassen gefunden (vgl. schwarze Pfeile in Abb. 4.7 d), die Stufenhöhen aber sind deutlich Monostufen zuzuordnen. Es ist zu bemerken, dass in der angesprochenen Studie die Terrassengrößen lediglich zwischen 50 nm und maximal 100 nm Ausdehnung variierten, und damit im Durchschnitt um nahezu eine Größenordnung kleiner waren als die hier vorgestellten. In einer anderen Studie wird nun davon berichtet, dass die (1×1) Phase der ZnO($000\bar{1}$)-O-Oberfläche eine wasserstoffstabilisierte Phase ist und die eigentlich stabile Phase der sauberen Oberfläche eine (1×3) Überstruktur aufweist, wie mittels Heliumatomstreuung bei 200 K belegt wurde [208]. Weiterhin wird bei 547 K eine Desorption des Wasserstoffs beobachtet, was Kunat *et al.* mit der Wiederherstellung der (1×3) Überstruktur begründen. In Anbetracht der Tatsache, dass bei der zweistufige Präparationsmethode die Wahrscheinlichkeit einer H$_2$-Kontamination durch den Transport an Luft sehr groß ist, wurden die Proben daraufhin untersucht. Zur Desorption einer möglichen H$_2$-Benetzungsschicht wurden die Proben daher auf 650 K *geflasht* und anschließend mittels LEED untersucht. Sowohl bei RT als auch bei Temperaturen oberhalb von 500 K zeigt sich im Anschluss keinerlei Veränderung der Beugungsmuster. Dabei ist zu bemerken, dass auf Grund der erhöhten Temperatur bei den LEED-Aufnahmen eine Readsorption von H$_2$ ausgeschlossen werden kann. Es ist aber anzumerken, dass es bei längerer Lagerung an Luft zu Kontaminationen der Oberflächen kommt, so dass bereits nach einigen Stunden kein scharfes Beugungsbild mehr erhalten wird und im AFM nach zwei Tagen die in Abb. 4.6 f) gezeigten, ca. 20 nm großen Adsorbatinseln erhalten werden, die eine Identifizierung der Stufenkanten bereits erschweren. Der Vollständigkeit halber wurde die Präparationsmethode weiterhin auf eine gemischtterminierte ZnO Oberfläche (ZnO($10\bar{1}0$)-O) angewandt (vgl. Abb. 2.11). Wie in Abb. 4.8 a) gezeigt, wird auch dabei ein Beugungsbild mit scharfen Reflexen der (1×1) Pha-

## 4.2. Charakterisierung der Metalloxidoberflächen

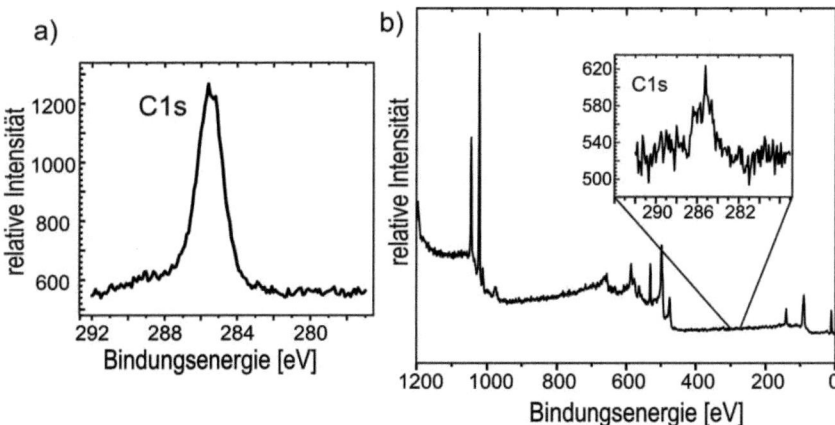

**Abb. 4.7:** In Teilbild a) ist das XP-Spektrum der C1s-Region einer ZnO(000$\bar{1}$)-O-Oberfläche, die nach der zweistufigen Präparation für 5 Stunden an Luft aufbewahrt wurde. In b) ein XP-Übersichtsspektrum sowie ein Zusatzscan der C1s-Region einer zusätzlich für 5 min auf 800 K im UHV geheizten Oberfläche.

se erhalten. Die AFM-Daten in b) zeigen wiederum atomar glatte, im Durchschnitt über 700 nm ausgedehnte Terrassenstufen. Wie aus dem Histogramm in c) hervorgeht, sind diese durch gleichmäßige Stufen einer Höhe von 2,5 Å voneinander getrennt. Dies stimmt in guter Näherung mit dem Interlagenabstand $d_{(10\bar{1}0)}$ = 2,81 Å überein, weshalb von vorliegenden Monolagenstufen ausgegangen werden kann und damit die Universalität der Methode belegt.

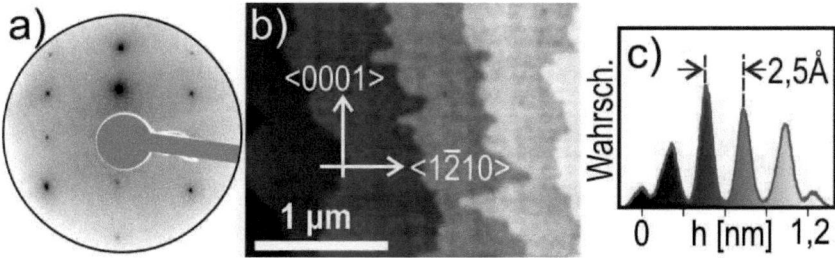

**Abb. 4.8:** Teilbild a) zeigt ein LEED-Bild (76 eV) einer ZnO(10$\bar{1}$0)-Oberfläche. Die in b) abgebildete *tapping mode* AFM-Aufnahme zeigt die Topographie der an Luft geheizten Oberfläche. Aus dem Histogramm in c) geht die gleichmäßige Periodizität der diskreten Stufenhöhen hervor.

Es konnte eine einfache und verlässliche Methode zur Präparation von extrem

90  Kapitel 4. Ergebnisse zum Wachstum organischer Filme auf TiO$_2$(110)

glatten und unrekonstruierten ZnO-Oberflächen aufgezeigt werden. Insgesamt wurden im Rahmen der Studie 9 einzelne Kristalle mit den beschriebenen einheitlichen Ergebnissen präpariert. Es konnte belegt werden, dass die Zweistufenpräparation es erlaubt, schnell und schonend, vor allem aber ohne die Gefahr einer Sauerstoffverarmung, innerhalb weniger Stunden vom neu gekauften Kristall zur, den Ansprüchen eines UHV-Experimentes genügenden sauberen, hoch geordneten Oberfläche zu gelangen.

## 4.3 Multilagenwachstum von PEN, PF-PEN und PEN-Tetron auf Metalloxiden

Für die Charakterisierung des Multilagenwachstums von Pentacen und seinen Derivaten wurden auf die nach dem oben beschriebenen Verfahren präparierten, wohldefinierten anisotropen (110)-Oberflächen der rutilen Phase des TiO$_2$, homolekulare Molekülfilme der einzelnen Spezies aufgedampft und anschließend mittels *tapping mode* AFM bezüglich ihrer Topographie untersucht.

In Abb. 4.9 a) ist nun die typische Topographie des anfänglichen 3D-Wachstums (vgl. *Stranski-Krastanov*-Wachstum in Abb. 1.6) einer nominell 2 nm dicken PEN-Schicht auf TiO$_2$(110) gezeigt. Auf einer nahezu geschlossenen Monolage findet eine deutliche Entnetzung des Filmes hin zu pyramidalen, rosettenförmigen, untereinander nicht verbundenen Molekülinseln statt. Die Terrassen der Multilageninseln sind dabei molekular glatt und, wie aus *Linescan* I in d) hervorgeht, durch 14±1 Å hohe Stufen voneinander getrennt. Mit Blick auf die angegebene [001] Azimutrichtung lässt sich keine Relation zu den runden Kanten der Inseln herstellen. Bei genauerer Betrachtung der ersten Monolage in der kontrastverbesserten Darstellung im *Inset* $\alpha$ in Abb. 4.9 a) fällt auf, dass diese Inseln nicht atomar glatt sind, sondern eine vergleichsweise raue Topographie aufweisen. In dem in Abb. 4.9 d) gezeigten *Linescan* II spiegelt sich dies dann auch in Form von einer Rauhigkeit in der Größenordnung von ca. 1Å wieder. Des Weiteren liegt die gemittelte Gesamthöhe der ersten Lage bei 3±1 Å, was ein Indiz für eine Adsorptionsgeometrie von flach liegenden Molekülen ist. Auf Grund der großen Rauhigkeit ist dabei aber eher von einer polykristallinen Phase denn von einem hochgeordneten, einkristallinen Film auszugehen. Das Histogramm über den weiß gestrichelten Bereich $\beta$ im *Inset* $\beta$ zeigt nun einen deutlichen Höhenunterschied zwischen den Stufen von der ersten zur zweiten Lage (1-2 $\Delta$ h =11 ±1Å) und der Stufe von der zweiten zur dritten Lage (2-3 $\Delta$ h =15 ±1Å). Teilbild 4.9 b) zeigt nun die Morphologie eines nominell 10 nm dicken Filmes mit untereinander verbundenen, atomar glatten und pyramidal gewachsenen Molekülinseln. Die im Vergleich zur Morphologie in a) etwas weniger diffus verlaufenden Stufenkanten der Inseln zeigen dabei aber ebenfalls keinerlei diskrete Winkelorientierung zur Substratazimutrichtung. Aus dem *Linescan* II in d) und der besonders gleichmäßigen Höhenverteilung im Histo-

### 4.3. Multilagenwachstum von PEN, PF-PEN und PEN-Tetron auf Metalloxiden 91

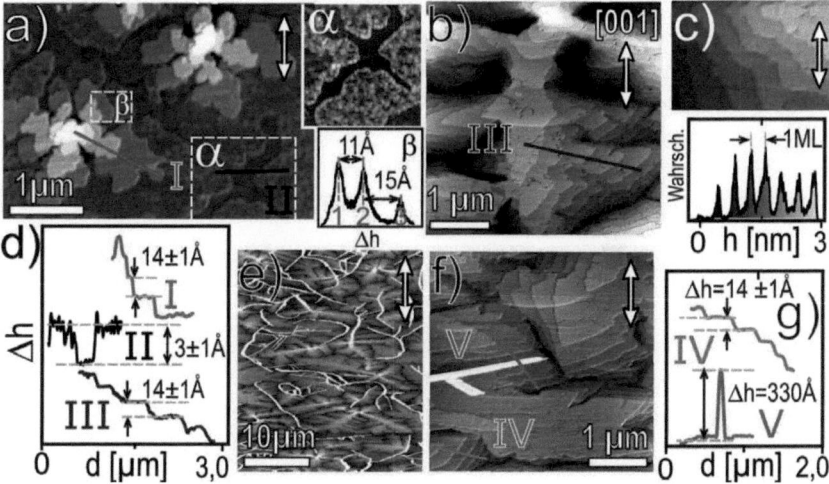

**Abb. 4.9:** AFM *tapping mode* Aufnahmen von unterschiedlich dicken PEN-Filmen aufgedampft bei RT auf TiO$_2$(110)-Oberflächen, die in [001] Azimutrichtung durch die weißen Pfeile gekennzeichnet sind. In a) ist das anfängliche pyramidale Wachstum einer nominell 2 nm dicken Schicht abgebildet. Im *Inset* der Stelle α ist eine kontrastoptimierte Abbildung der ersten Monolage auf dem Substrat gezeigt. *Inset* β zeigt mittels eines Höhenverteilungshistogrammes über den weiß gestrichelten Bereich β in a) die Unterschiede in den Stufenhöhen von der 1. Monolage zur 2. Lage bzw. 2-3 Lage. Aus dem *Linescan* II in d) geht eine gemittelte Stufenhöhen von 3±1 Å zum Substrat hervor. Teilbild b-c) zeigt die Topographie eines 10 nm dicken Films mit dem dazugehörigen Histogramm. Es wird eine gleichmäßige Separation der Stufenhöhen erhalten. In d) illustrieren die *Linescans* I und III die lokale Höhenunterschiede (14±1 Å) der Stufen im Multilagenfilm aus a-b). Der Übersichtsscan in e) zeigt einen nominell 25 nm dicken Film, bei dem neben der in a-c) gezeigten Morphologie zusätzliche wurmartige Adinseln auf der eigentlichen, pyramidalen Wachstumsphase zu sehen sind. f) verdeutlicht in einem vergrößerten Scan, dass sich zwischen den Inseln die bekannte Morphologie befindet (vgl. auch *Linescan* IV in g). Aus *Linescan* V in g) geht eine enormes Aspektverhältnis der bis zu 330 Å hohen Adinseln hervor.

gramm des Teilausschnittes in Abb. 4.9 c) wird nun, konsistent zu *Linescan* I, ein Wert von 14±1 Å erhalten. Die Morphologie der Inseln sowie der für die Stufenhöhen erhaltene Wert erinnert daher sehr stark an das auf SiO$_2$ beobachtete Wachstum [101]. Auf Grund der guten Übereinstimmung mit dem Interlagenabstand der (001)-Dünnfilmphase ist davon auszugehen, dass es sich bei der Filmstruktur um aufrecht stehenden Molekülen handelt. Ein Übersichtsscan in Abbildung 4.9 e) zeigt nun die Morphologie eines nominell 25 nm dicken PEN-Filmes. Es fällt auf, dass neben der hin-

92  Kapitel 4. Ergebnisse zum Wachstum organischer Filme auf TiO₂(110)

tergründigen, bekannten Morphologie der pyramidalen Inseln zusätzliche wurmartige Adinseln mit einer Höhe von bis zu 330 Å gewachsen sind (vgl. *Linescan* IV in Abb. 4.9 g). Ein ähnliches Wachstumsphänomen wurde bereits von Käfer *et al.* in [80] für dicke PEN-Filme auf polykristallinem Gold gefunden und als eine substratlosgelöste, skelettartige Wachstumphase indentifiziert. In Teilbild 4.9 f) ist zu Verdeutlichung der Morphologie zwischen den Adsinsel, nochmals einen Zusatzscan der bereits in b) beschriebenen Terrassen neben einem dieser wurm-, bis nadelförmigen Kristalliten mit dem hohen Aspektverhältnis gezeigt. Der *Linescan* III in 4.9 g) zeigt, dass es sich neben einer ähnlichen Morphologie auch in guter Näherung um vergleichbare Stufenhöhen handelt.

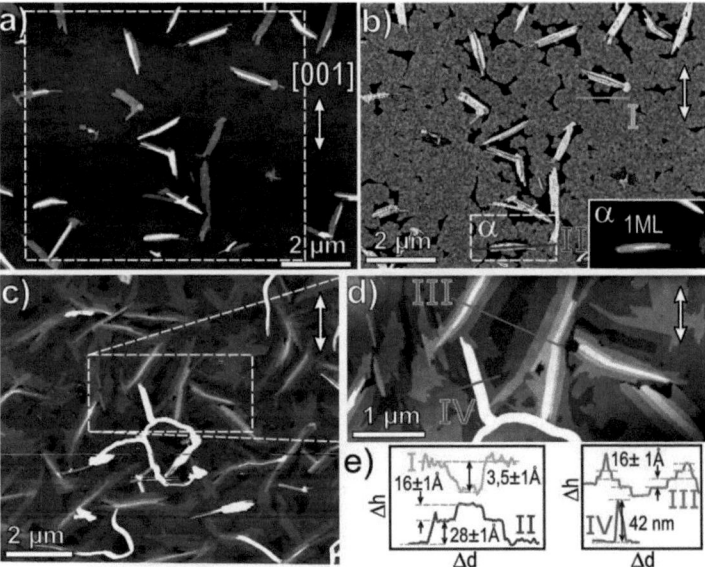

**Abb. 4.10:** *tapping mode* AFM-Aufnahmen von bei RT aufgebrachten, PF-PEN-Schichten unterschiedlicher nomineller Schichtdicken auf TiO₂(110). In a) ist die Topographie eines 3 nm dicken Filmes gezeigt. Es werden voneinander separierte, nadelförmige Insel erhalten. Bei der in b) und dem vergrößerten Teilausschnitt c) gezeigten Topographie eines nominell 12 nm dicken Filmes werden neben nadelförmigen, mit Terrassenstufen gekennzeichneten Inseln zusätzliche in ihrer Form eher runde Adinseln mit einer Höhe von bis zu 50 nm (vgl. *Linescan* II in d) beobachtet. Die Stufenhöhen der Inseln der überwiegenden Topographie zeigen in *Linescan* I in d) ein Höhe von 16 ± 1 Å.

In einer weiteren Studie sollte nun der Einfluss des atomaren Rillenmusters der inerten TiO₂(110) Oberfläche auf die Morphologie von PF-PEN Multilagenfilmen un-

## 4.3. Multilagenwachstum von PEN, PF-PEN und PEN-Tetron auf Metalloxiden

tersucht werden. Dafür wurde zunächst ein nominell 3 nm dicker Film aufgedampft und anschließend mittels *tapping mode* AFM untersucht. In Abb. 4.10 a) ist nun ein typischer Ausschnitt der erhaltenen Topographie gezeigt. Dabei werden voneinander separierte, nadelförmige Inseln mit geradlinig verlaufenden Kanten erhalten. Der Versuch einer konsistenten Zuordnung dieser Linien bezüglich der aus Beugungsbildern erhaltenen, eingezeichneten [001] Azimutrichtung, kann aber weder in diesem noch in anderen Übersichtsbildern der Probe als sinnvoll durchführbar bezeichnet werden. Die topographische Abbildung suggeriert nun auf den ersten Blick, dass sich zwischen den nadelförmigen Inseln das Substrat der $TiO_2$ Oberfläche befindet. Bei einer genaueren Betrachtung des simultan aufgenommenen Phasenbildes in Abb. 4.10 b) muss dies allerdings revidiert werden. Zwischen den beschriebenen Inseln scheint sich eine nahezu geschlossene erste Monolage ausgebildet zu haben, die mit einer Höhe von 3,5 ± 1 Å wie schon beim Wachstum von Pentacen auf eine planare Adsorptionsgeometrie schließen lässt (vgl. *Linescan* I in Abb. 4.10). Analog zum PEN fällt dabei auch wieder die große Rauhigkeit der Lage auf. Weiterhin ist zu bemerken, dass die geradlinigen Inseln nicht unmittelbar von der beschriebenen ersten Benetzungslage umgeben sind, sondern von einem Bereich umgeben sind, in dem das Substrat zu sehen ist. Auf Grund dessen ist zu vermuten, dass die nadelförmigen Inseln direkt auf dem Substrat und nicht auf einer Benetzungslage aufgewachsen sind. Bei der Betrachtung eines *Linescans* II über eine solche Insel ergibt sich nun ein Höhenunterschied zur ersten Monolage (1 ML) von 28 ± 1 Å. Ausgehend von einer in aufrechter Phase zum Substrat gewachsenen Kristallstruktur wird aus 28 ± 1 Å + 3,5 ± 1 Å eine Doppelstufe (32 ± 1 Å) der aufrechten Phase erhalten.

Bei weiterer Deposition zeigt sich dann die in Abb. 4.10 c-d) dargestellte Oberflächentopographie von untereinander zusammengewachsenen, nadelförmigen Inseln, neben denen schon für PEN beobachteten wurmförmigen Adinseln. Aus der vergrößerten Abb. 4.10 d) und *Linescan* IV über die Adinseln ergibt sich für den nominell 12 nm dicken Film eine Höhe von 42 nm. Für den überwiegenden Teil der Oberfläche wird aber eine Fortsetzung des anfänglichen Wachstums der nadelförmigen Inseln beobachtet, die sich durch einen Höhenunterschied der Terrassen von 16 ± 1 Å auszeichnen, und damit einer aufrechten Phase zuzuordnen sind.

Im Rahmen der Wachstumsstudie wurde nun weiterhin das Wachstum von PEN-Tetron auf der (110)-Oberfläche charakterisiert. Die topographische Abb. in 4.11 a-b) zeigt nun die erhaltene typische Morphologie eines nominell 10 nm dicken Filmes. Die Abbildung enthält nadelförmige Molekülinseln mit plateauartigen, molekular glatten Oberflächen. Daneben ist im Hintergrund die Morphologie der aus der Fehlorientierung resultierenden Defektstufen der Oberfläche zu sehen, die mit Hilfe eines *Linescans* (I in b/d) erlaubt, eine Kreuzkalibrierung der erhaltenen Höheninformation durchzuführen (vgl. mit der Oberflächenillustration in Teilbild 4.11 g). Aus dem Höhenlininenprofil in II ergibt sich eine Gesamthöhe der der in b) gezeigten nadelförmigen Insel von 42 nm. Da es keinerlei Anzeichen für eine erste Benetzungslage

94    Kapitel 4. Ergebnisse zum Wachstum organischer Filme auf TiO$_2$(110)

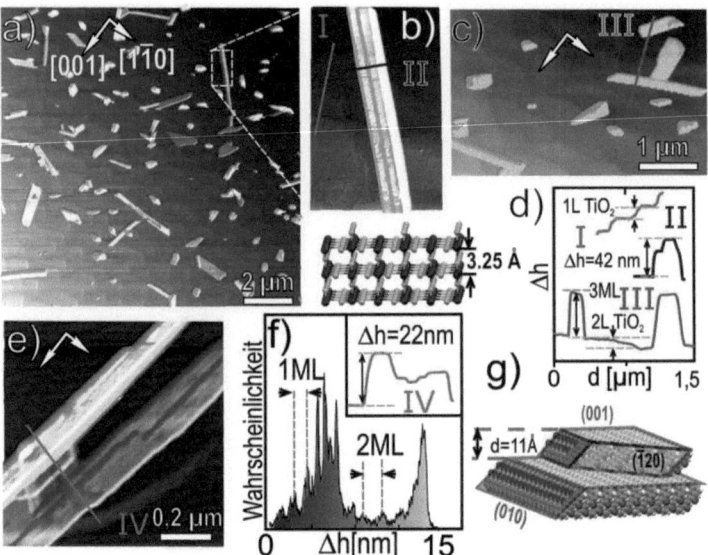

**Abb. 4.11:** a-b) zeigen *tapping mode* AFM-Aufnahmen eines nominell 10 nm dicken PEN-Tetron Filmes auf TiO$_2$(110). In Teilbild a) sind innerhalb eines Übersichtscans und einer Vergrößerung in b) teilweise nadelförmigen und blockartige Inseln sowie die aus dem *Miscut* der Oberfläche resultierenden Fehlstufen des Substrates sichtbar. Die Höhe der Stufen geht aus *Linescan* I und die der Insel aus II in b/d) hevor. In c) und e) ist ein 2 nm dicker Film mit ebenfalls nadelförmigen, molekular glatten Inseln abgebildet. Mittels *Linescan* III ist neben einer sehr geringen Rauhigkeit der plateauartigen Inseln die Möglichkeit der Kreuzkalibrierung mittels der bekannten Höhe der Fehlstufen aufgezeigt. Das Histogramm in f) über einen der Teil der 22 nm hohen (vgl. *Linescan* IV) Insel in e) zeigt, das hauptsächlich mono- und bimolekulare Stufen erhalten werden. In g) ist die TiO$_2$(110) Oberfläche mit einer Stufenhöhe von 3,25 Å sowie die (001) Oberfläche von PEN-Tetron mit einer Stufenhöhe von 11 Å illustriert.

(wie beim Wachstum von PEN und PF-PEN) gibt, (Substratmorphologie deutlich sichtbar) ist von einer Entnetzung direkt mit Beginn der ersten Lage, und damit unmittelbar auf dem Substrat auszugehen ( vgl. *Vollmer-Weber* Wachstum). In Abb. 4.11 c) ist nun ein nominell 2 nm dicker Film mittels AFM aufgenommen worden. Unter Berücksichtigung des Kreuzkalibrierten *Linecans* III in d) kann dabei gezeigt werden, dass die plateauartige, molekular glatte Insel 32 ± 1 Å (3ML) hoch ist. Des Weiteren fällt auf, dass die Fehlstufenkanten von den Inseln überwachsen werden. Im hochaufgelösten Scan einer Insel in Abb. 4.11 e) und dem dazugehörigen Histogramm eines Teilausschnittes wird nun deutlich, dass es diskrete Stufenhöhen von 11 respektive 22 ± 1 Å an den Rändern der Inseln gibt. Neben der Morphologie der Inseln erinnert damit auch der erhaltene Wert für die Stufenhöhe an den für Kristalle aus PEN-Tetron-Lösung erhaltenen [187]. Dabei wird die thermodynamisch stabile kristallinen Phase mit einer (001) Orientierung erhalten (vgl. dazu auch die Illustration der kristallinen Phase in g).

## 4.4 Diskussion zum Wachstum auf der TiO$_2$(110) Oberfläche

Es wurde die Morphologie von Pentacen, Perfluoropentacen und Pentacen-Tetron auf der inerten, anisotropen TiO$_2$(110) Oberfläche mit Hilfe von *tapping mode* AFM-Messungen charaktersiert. Dafür ist zunächst eine neuartige, zweistufige Präparationsmethode für Herstellung von wohldefinierten, einkristallinen, metalloxidischen Oberflächen herausgearbeitet und anhand von ausführlichen Charakterisierungen für die TiO$_2$(110) Oberfläche sowie diverse ZnO-Oberflächen in ihrer Eignung überprüft worden. Neben einer Lösung für das bekannte, renitente Problem der O$_2$-Verarmung bei der UHV-Präparation von oxidischen Kristallen konnte dabei auch die Möglichkeit des Recyclings von extrem verarmten Oberflächen aufgezeigt werden. Auf Grund der entwickelten Methode, war man nun in der Lage, ein derart umfangreiche Wachstumsstudie mit vielen unterschiedlichen, deponierten Schichtdicken durchführen zu können. Zum Vergleich sei erwähnt, dass die herkömmliche Präparation einer weniger gut geordneten Oberfläche (vgl. Abb. 4.2) im UHV, ca. 3-4 Tage in Anspruch nimmt, während sich mit Hilfe der zweistufige Präparation innerhalb von 5-6 Stunden langreichweitig nahezu perfekt geordnete, wohldefinierte Substrate zur Verfügung stellen lassen.

Im Rahmen dieser Studie konnte anhand von Höhenprofillinien und Histogrammen gezeigt werden, dass für das anfängliche Wachstum von Pentacen auf der hochgeordneten TiO$_2$(110) Oberfläche eine Phase von teilweise planar adsorbierten und teilweise aufrecht stehenden Molekülen erhalten wird. Bei einer genaueren Betrachtung der Inseln der ersten Lage fällt eine hohe Inhomogenität der Schicht auf. Dies lässt auf eine in Abb. 4.12 a) angedeutete polykristalline Phase dieser Moleküle schließen. Im Unterschied dazu zeigen die Moleküle der aufrechten Phase wesentlich homogenere, glattere Plateaus mit definiert gleichbleibenden Stufenhöhen. Aus dem in Abb. 4.9 a,β) gezeigten Histogramm ergibt sich, dass die beschriebene polykristalline Lage nicht die gesamte Oberfläche benetzt, sondern die gezeigten Inseln der aufrechten Phase direkt auf dem Substrat adsorbiert sind. Bei weiterer Deposition wird, wie sich aus den erhaltenen Stufenhöhen und der Homogenität der Plateaus ergibt, eine Fortsetzung der aufrechten, einkristallinen Phase erhalten. Aus den erhaltenen Daten lassen sich dabei keine Rückschlüsse ziehen, ob die anfängliche polykristalline Phase liegender Moleküle überwachsen wird, oder die Moleküle sich der aufrechten Phase anschließen (vgl. dazu

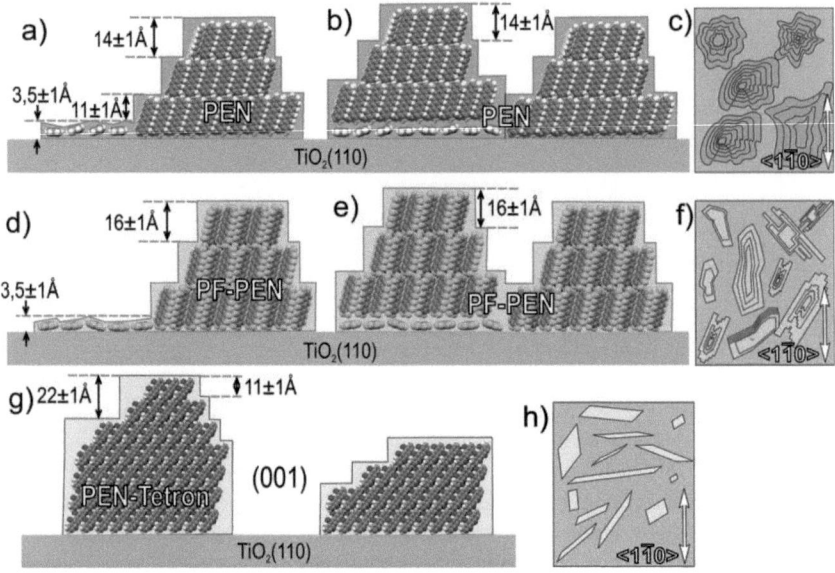

**Abb. 4.12:**
Die Abbildung zeigt in schematischer Art die unterschiedlichen erhaltenen Morphologien von PEN und den beiden charakterisierten Derivaten auf TiO$_2$(110) in Form von Seitenansichten der charakteristischen kristallinen Phasen sowie Draufsichten der morphologischen Struktur. In a-c) ist dies für PEN skizziert, in d-f) für Perfluoro-PEN und in g,h) für PEN-Tetron.

Skizze in Abb. 4.12 b). Wie schon beim Wachstum auf Cu(221) beschrieben, lässt sich im Rahmen der Messungenauigkeiten aus den erhaltenen Stufenhöhen nicht zwischen einer Dünnfilmphase (d$_{(001)TF}$=15,5Å und der Campbellphase d$_{(001)Campbell}$ = 14,5Å) unterscheiden [100]. Insgesamt erinnert die Morphologie der in Abb. 4.12 c) gezeigten Draufsicht der Multilagenfilme deutlich an das Wachstum auf SiO$_2$ und Cu(221). Es ist zu bemerken, dass keine azimutale Vorzugsorientierung der Multilageninseln festgestellt werden kann und damit, im Gegensatz zum berichteten Wachstum der Sexyphenyl (p-6P) Nanonadeln [121, 122], nicht von einer Epitaxie der kristallinen Phase gesprochen werden kann. Vergleicht man nun die *van der Waals*-Breite des Moleküls mit der Gitterkonstanten der TiO$_2$(110) Oberfläche (6,4 Å vs. 6,5 Å), so könnte der Grund für die nicht vorhandene Epitaxie wiederum im *Mismatch* zwischen Substrat und Molekülen liegen. Es scheint der Fall zu sein, dass sich Moleküle teilweise entlang ihrer Längsachse verkippt in das Rillenmuster des Substrates legen und dabei aber keine diskreten Adsorptionsplätze einnehmen (polykristalline Phase liegender Moleküle). Dies ist aller Wahrscheinlichkeit nach auch auf Grund der sehr schwachen

## 4.4. Diskussion zum Wachstum auf der TiO$_2$(110) Oberfläche

Molekülsubstratwechselwirkung möglich.. In dickeren Sichten überwiegt dabei die intermolekulare Wechselwirkung und sorgt für die Bildung einer stabilen aufrechten Phase. Daneben werden in besonders dicken Filmen wie schon beim Wachstum auf Au(111) in Ref. [80] beobachtet, auf der beschriebenen Kristallstruktur wurmartige Inseln einer undefinierten Phase erhalten.

Für das Wachstum von PF-PEN wird nun ein sehr ähnliches Wachstumsszenario einer zunächst in weiten Teilen inhomogenen liegenden, nahezu vollständig geschlossenen ersten Monolage neben Kristalliten einer aufrechten Phase beobachtet (vgl. Abb. 4.12 d,e). Analog dazu lässt sich die erhaltene Morphologie in sehr guter Übereinstimmung mit der auf SiO$_2$ von Salzman et al. [158] beschriebenen vergleichen. Im Unterschied zum Wachstum von PEN werden dabei keine rosettenförmigen pyramidalen Inseln erhalten, sondern Inseln mit eher geradlinig verlaufenden Terrassenstufenkanten (vgl. Abb. 4.12 f). Trotz dieser Verlaufsart lässt sich dabei keine azimutale Vorzugsorientierung der Inseln ausmachen.

Die beobachtete Morphologie der Oxospezies PEN-Tetron unterscheidet sich nun in erheblichem Maße von der für PEN und PF-PEN auf TiO$_2$(110) erhaltenen. Es wird keine erste Benetzungslage liegender Moleküle erhalten. Zwischen den plateauartigen Inseln befindet sich sauberes Substrat, bei dem die unbedeckten Fehlstufen im Topographiebild erkennbar sind. Die Inseln sind einer stehenden Phase der (001) Orientierung mit mono- und multimolekularen Stufen zuzuordnen (vgl. Abb. 4.12 g). In der Draufsicht der Illustration in (h) ist verdeutlicht, dass ebenso keine Vorzugsorientierung der gradlinig verlaufenden Kanten der Inseln zu erkennen ist.

# Kapitel 5

# Ergebnisse zum Wachstum organischer Filme auf Graphit

Als dritte Substratklasse nach den stark wechselwirkenden Metallen und dem nahezu inerten $TiO_2$ soll im Rahmen dieser Studie nun das Wachstum auf dem schwach wechselwirkenden Garphit untersucht werden. Neben der Wechselwirkung zeichnet Graphit aber auch noch eine weitere Eigenschaft aus, die es besonders interessant für die Charakterisierung des Wachstums polyzyklischen aromatischen Kohlenwasserstoffen - *engl. polycyclic aromatic hydrocarbons (PAHs)* - macht. So weist das molekularen Kohlenstoffrückrat der Moleküle (mittlerer Durchmesser der aromatischen Ringe ist 2,44 Å) eine große Ähnlichkeit zum atomaren Kohlenstoffgitter des Graphits (2,46 Å für den Abstand in einem Vergleichbaren Ausschnitt) auf. Es ist daher zu erwarten, dass für eine chemisch nahezu inerte Oberfläche eine starke Chemisorption verhindert und auf der anderen Seite die gute Übereinstimmung der Gitterkonstanten des Substrates mit den aromatischen Ringen trotzdem eine diskrete (evtl. epitaktische) Anordnung der Moleküle an der Grenzfläche erlaubt. Ferner wird die Moleküladsorption auf der durch außergewöhnliche elektronische Eigenschaften ausgezeichneten Monolage von Graphit, dem Graphen [220] als möglicher Schlüssel zur Modifikation des elektrischen Transportes der Schichten angesehen und ist auch bereits Thema von Forschungsarbeiten [221, 222].

Graphit bietet gegenüber den Metalleinkristallen und den metall-oxidischen Oberflächen den Vorteil, dass sich in einem besonders einfachen Verfahren hochgeordnete Oberflächen herstellen lassen. Dazu wird pyrolytisch abgeschiedenes Graphit - *engl. highly oriented pyrolytic graphite (HOPG)* - mittels eines Klebestreifens *ex situ* gespalten und anschließend ins Vakuum eingeschleußt. So gibt es bereits einige Studien, in denen auf nach diesem Verfahren präparierten Oberflächen *PAHs* abgeschieden und charakterisiert wurden [223–233]. Dabei ist zu erwähnen, dass der Fokus dieser Studien sich auf das Monolagenwachstum beschränkte und keine Charakterisierung des weiterführenden Wachstums durchgeführt wurde. So konnten Harada *et al.* mittels Penning-Ionisationsspektroskopie bereits 1984 zeigen, dass Pentacenmoleküle bei geringer Bedeckung auf Graphit in einer planaren Geometrie adsorbieren und in darauffolgenden Schichten eine graduelle Verkippung erfahren [234]. Für die Kristallstruktur von derartigen Multilagenfilmen wird von einem Polymorphismus mit einem Interlagenabstand von 3,7 Å berichtet, was ebenfalls für eine Verkippung der Moleküle spricht [235]. Im Gegesatz dazu berichten Chen *et al.* mittels hochaufgelöster STM-Daten von einer Reorientierung nach einer flachen Adsorption der ersten Monolage im Form einer aufrecht stehend orientierten Molekülphase der (001)-Orientierung [236], wie auch schon auf Bi(0001) gefunden. Neben den Aufgezeigten, gibt es eine Reihe weiterer Ungereimtheiten - gerade was das Thermodesorptionsverhalten von PEN auf HOPG anbelangt - und offene Fragen, die mit Hilfe dieser ausführlichen Studie zunächst zum Wachstum des PEN auf HOPG beantwortet werden sollen. Im Anschluss soll anhand einer morphologischen Studie zum Wachstum der perfluorierten (PF-PEN) und der oxdischen Species (PEN-Tetron) Verhaltensparallelen aufgezeigt werden.

## 5.1 Wachstum und Struktur von Pentacenfilmen auf Graphit

Im Rahmen dieser Studie ist die Mikrostruktur von Pentacenfilmen auf Graphit untersucht worden. Dabei ist durch die Kombination von komplementären Techniken, wie Rastertunnelmikroskopie (STM), Rasterkraftmikroskopie (AFM), Röntgenbeugung (XRD), Thermodesorptionsspektroskopie (TDS) und Röntgennahkantenabsorptionsspektroskopie (NEXAFS) die molekulare Orientierung, die Kristallstruktur, die Morphologie sowie die thermische Stabilität in Abhängigkeit von der Schichtdicke charakterisiert worden.

### 5.1.1 Thermodynamische Stabilität

Wie bereits im einleitenden Teil beschrieben, finden sich in der Literatur eine Reihe von Ergebnissen zum Thermodesorptionsverhalten Pentacenmolekülfilmen auf unterschiedlichen Substraten. Dabei werden auch Rezepte zur selektiven Desorption von Multilagenfilmen auf Metallen wie beispielsweise Cu, Ag oder Au [108, 110, 153] und auch zu dem hier verwendeten Graphitsubstrat formuliert, die es auf Grund des bekannten Problems der unzureichend exakten Oberflächentemperaturmessungen (bspw. Thermoelement nicht auf der Probenoberfläche, sondern auf dem Probenhalter angebracht) zunächst zu überprüfen galt [237, 238]. Die qualitative Verifizierung dieses Temperaturfensters, in dem sich gezielt nach der Deposition von Multilagenfilmen, monomolekulare Filme herstellen lassen, wurde mit Hilfe von TDS-Messungen an unterschiedlich dicken Molekülfilmen durchgeführt. In Abbildung 5.1 sind Desorptionsspektren von Pentacenfilmen auf HOPG dargestellt. Die Kurven unterschiedlicher nomineller Schichtdicken zeigen die Intensität des detektierten Molekülions $m/z=278$ amu in Anbhängigkeit von der Temperatur mit dem zeitlichen

## 5.1. Wachstum und Struktur von Pentacenfilmen auf Graphit

Verlauf $\beta = 0{,}5$ $K/s$. Das (Sub)monolagenspektrum (0,5 nm) ist der Anschaulichkeit halber in seiner Intensität um einen Faktor 10 bzw. 100 erhöht dargestellt. Alle Spektren (0,5 nm - 100 nm) zeigen jeweils genau einen Desorptionspeak zwischen 400 - 425 K, dessen Anstiegsflanke schichtdickenunabhängig bei 385 K beginnt. Die offensichtliche schichtdickenabhängige Verbreiterung der Maxima sowie deren Asymmetrie sind als erste deutliches Zeichen für das Abdampfen einer Multilage zu werten. Dies lässt sich mit Hilfe des *Arhenius Ansatz* $\ln I \sim E_{des}/RT$ weiter verifizieren. Bei der so genannten *leading edge analysis* wird über einen fit die Aktivierungsenergie $E_{des}$ für die Desorption erhalten. Für die in Abbildung 5.1 gezeigten Spektren ergeben sich 152,2 kJ/mol (1,58 eV). Dieser Wert stimmt in guter Näherung mit der Standardsublimationsenthalpie $H_{sub}$=156,9 kJ/mol [239] von Pentacen, welche der Adsorptionsenergie im Falle einer nicht dissoziativen Adsorption entspricht, überein. Im weiteren Temperaturverlauf werden sowohl für die hier gezeigten Spektren mit der detektierten Masse $m/z$=278 amu als auch für alle anderen charakteristischen Fragmente kleinerer Massen keine zusätzlichen Desorptionspeaks detektiert. Dies lässt die Schlussfolgerung zu, dass Pentacen auf Graphit keine chemisorbierte und damit fest gebundene Monolage ausbildet. Eine weitere Bestätigung dafür liefert die Tatsache, dass selbst die (Sub)-Monolage (d = 0,5 nm) im Vergleich zu den dickeren Filmen keine Signalverschiebung aufweist. Ursächlich dafür sollte eine vor der Desorption stattfindende, thermische angeregte, Entnetzung des aufgebrachten Films sein. Das thermische Verhalten des Systems Pentacen auf HOPG lässt sich daher mit dem von Pentacen auf $SiO_2$ [108] vergleichen. Eine mit der auf den oben genannten Metallen vergleichbare Situation der selektiven Monolagenpräparation durch gezieltes Tempern von Multilagenfilmen konnte nicht festgestellt werden.

### 5.1.2 Struktur der ersten Monolage

Im vorherigen Abschnitt wurde anhand der Analyse der thermodynamischen Stabilität gezeigt, dass die Herstellung monomolekularer Filme mittels Multilagendesorption nicht möglich ist. Für die rastertunnelmikroskopische Charakterisierung der ersten Lage wurden daher nur derart geringe Menge (0,3-0,5 nm) an Pentacen auf gedampft, so dass sich (sub)molekulare Filme ausbilden. Abbildung 5.2 a zeigt ein topographisches Bild (315 nm×315 nm) eines solchen Films. Helle Bereiche kennzeichnen hierbei molekulare nadelförmige Inseln die von dunklen Bereichen - dem Substrat - umgeben sind. Bei genauerer Betrachtung der durch gerade Kanten gekennzeichneten Inseln fällt eine streifenförmige Substruktur auf. Dieses „Muster" wird in (b) mittels eines zusätzlichen Scans mit höherer Auflösung nochmals verdeutlicht. Das dazugehörige Höhenverteilungsprofil in (c) zeigt genau zwei Maxima, die dem Substrat und einem monomolekularen Film zuzuordnen sind. Die Höhendifferenz von 2,2 Å stimmt in guter Näherung mit der effektiven Dicke eines Pentacenmoleküls unter Berücksichtigung der *van der Waals*-Dimensionen (15,6 Å × 6,4 Å × 2,4 Å) (vgl. Abb. 2.10 a) [80].

102  Kapitel 5. Ergebnisse zum Wachstum organischer Filme auf Graphit

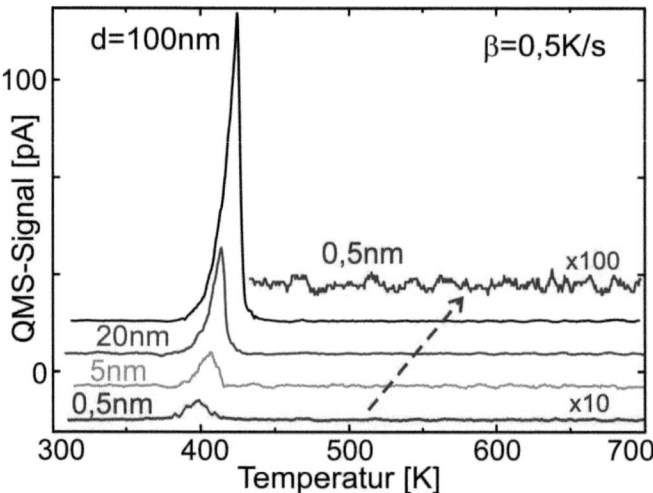

**Abb. 5.1:** Thermodesorptionsspektren von Pentacenfilmen unterschiedlicher Schichtdicken (0,5 - 100 nm) auf Graphit. Aufgenommen für die Molekülionenmasse $m/z=278$ amu.

Die dar lässt sich mit anderen STM-Studien von Pentacen auf Graphit in Einklang bringen [234, 236, 240].

Bei genauerer Betrachtung der Inseln in Abb. 5.2 a) fällt ein Streifenartiges Muster in der Substruktur auf. Dieses ist in Teilbild (b) noch deutlicher zu erkennen und als parallel zu den langen Kanten der nadelförmigen Inseln verlaufend zuzuordnen. Trifft man nun die sinnvolle Annahme, dass der gesamte in (a) abgebildete Bereich sich auf einer einzigen Graphitdomäne befindet- typischerweise erstrecken sich diese über mehrere $\mu m$ - ist eine systematische Analyse der relativen Orientierung der Streifen zueinander zulässig. Dafür sind diese in (a,b) farbig markiert. In der erhaltenen statistischen Winkelverteilung ergeben sich 6 azimutale Vorzugsrichtungen, die sich in drei jeweils um 120° zueinander verdrehte Paare aufteilen lassen. Die Paare spannen dabei jeweils einen Winkel von $2\theta \approx 18° \pm 3°$ auf. Um nun eine Beziehung zum Substrat herzustellen wurde in (d), auf einem Bereich zwischen den Inseln, Graphit in atomarer Auflösung der Kohlenstoffatome aufgenommen. Da es nicht möglich war, mit den für das Abbilden der Molekülinseln notwendigen Tunnelparametern $U_{Probe}$=-2,0 V, I= 30 pA das Graphitgitter aufzulösen, wurden die Aufnahmen in zusätzlichen Scans mit höheren Strömen ($U_{Probe}$= 0,6 V, I= 0,5 nA) gemessen. Setzt man nun die definierten Azimutrichtungen vom Substrat definierten in Relation zu den 6 Vorzugsrichtungen der Molekülinseln, ergibt sich die in (e) gezeigte Winkelverteilung. Unter Berücksichtigung der dreizähligen Symmetrie stehen die drei Paare der farbigen Streifen aus (a-b) jeweils im Winkel $\theta$ zur Substratazimutrichtung $\langle 10\bar{1}0 \rangle$ aus (d).

## 5.1. Wachstum und Struktur von Pentacenfilmen auf Graphit

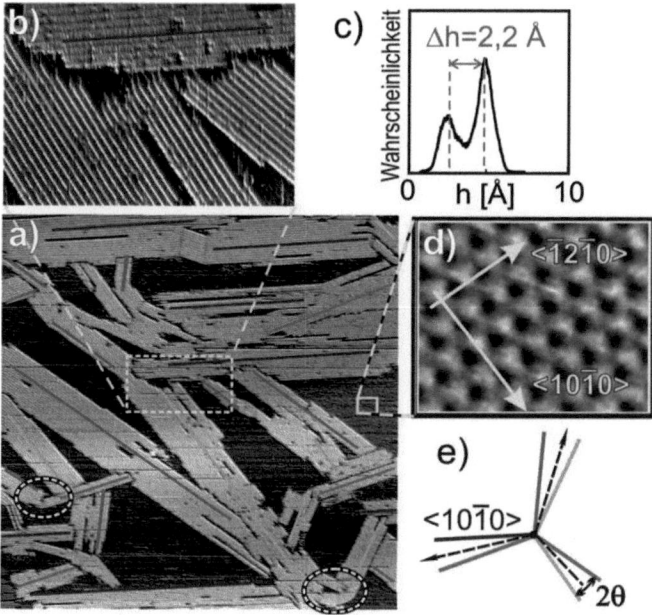

**Abb. 5.2:** Rastertunnelmikroskopische Aufnahmen $U_{Probe}= -2,0$ V, I= 30 pA) eines submolekularen Pentacenfilms auf HOPG. (a) zeigt einen Übersichtsscan (315 nm×315 nm). In (b) ist eine Ausschnittsvergrößerung von (a) in einem zusätzlichen Scan zur Verdeutlichung des Streifenmusters dargestellt. Teilbild (c) zeigt ein Histogramm der Topographie von (b). In (d) ist das Substrat in atomarer Auflösung der Kohlenstoffatome mittels STM ($U_{Probe}= 0,6$ V, I= 0,5 nA) abgebildet worden. Eine Zusammenfassung der Informationen erlaubt es, in Schaubild (e) diskrete Orientierungen des Streifenmusters aus (a-b) im Verhältnis zu den Azimutalrichtungen des Substrates in (d) anzugeben.

Nachdem nun das Streifenmuster in eine relative Beziehung zum Substrat gesetzt wurde, ist im nächsten Schritt eine Verifizierung der Streifen mittels molekular aufgelöster STM-Bilder vorzunehmen. Abbildung 5.3 a) zeigt eine molekular aufgelöste Monolage Pentacen auf Graphit. Die Raumtemperatur (300K) STM-Aufnahme verdeutlicht, dass die in Abb. 5.2 charakterisierten Streifen, senkrecht zur Moleküllängsachse - parallel zu *Linescan* II - verlaufende Täler zwischen den geordneten adsorbierten Molekülen sind. Im Zusatzfenster von (a) wurde eine Mittelung über die Einheitszelle - ein so genanntes *correlated averaged* - zur Verdeutlichung der Selben durchgeführt. Die Moleküle sind innerhalb der schiefwinkligen Einheitszelle mit ihrer Moleküllängsachse entlang der $\langle \bar{1}2\bar{1}0 \rangle$ Substratrichtung mit lateralen Dimensionen von $d_I = 17,2 \pm 0,5$ Å und $d_{II} = 7,0 \pm 0,5$ Å ausgerichtet und spannen einen

Winkel von $\gamma = 78° \pm 3°$ auf. Die in (c) dargestellte Tieftemperaturaufnahme (80 K) einer Pentacenmonolage auf HOPG zeigt bei gleichen Tunnelparametern eine sehr ähnliche Struktur. So werden aus den Linescans in (d) im Rahmen der Messungenauigkeit nahezu identische Dimensionen $d_{III} = 17,4 \pm 0,5$ Å und $d_{IV} = 7,3 \pm 0,5$ Å mit einem Winkel von $\gamma = 76° \pm 3°$ für die Einheitszelle erhalten. Überträgt man dies nun auf die Einheitsvektoren $a_1$ und $a_2$ des Substrates, ergibt sich eine Überstruktur mit der Matrix ( $\begin{smallmatrix} 7 & 0 \\ -1 & 3 \end{smallmatrix}$ ) und den Einheitsvektoren $b_1$=17,22 Å and $b_2$=6,51 Å und einem Winkel von 79,1° . Teilbild (e) zeigt dies zur Veranschaulichung in schematischer Weise. Die Kommensurabilität der Pentacenmonolage ist dabei durch die Ähnlichkeit der Dimensionen des Molekülkohlenstoffrückrats und dem Graphitgitter begünstigt. Der C-C Abstand im Pentacenmolkül variiert dabei von 1,35 Å in den äußeren Ringen bis hin zu 1,45 Å im mittleren Ring, wobei der Atomabstand in der Graphitebene 1,42 Å beträgt. Unter Berücksichtigung der Dimensionen des Einheitsvektors $b_1$ und der *van der Waals* Dimensionen wird klar, dass der Ursprung des Streifenmusters über die Registrierung erklärbar wird. Die nicht dichteste Packung der Monolage ist Ursächlich für die in den Topographiebildern auftauchenden tiefen Täler zwischen den Molekülen entlang der $\langle\bar{1}2\bar{1}0\rangle$ Azimutrichtung. In [$10\bar{1}0$] Richtung wird hingegen eine Erhöhung der Packungsdichte erzielt, indem die Moleküle jeweils um $a_1$ zueinander verschoben sind. Daraus ergibt sich die Azimutrichtung [$41\bar{5}0$], die im Winkel $\theta$=10,9° zur [$10\bar{1}0$] Substratrichtung steht.

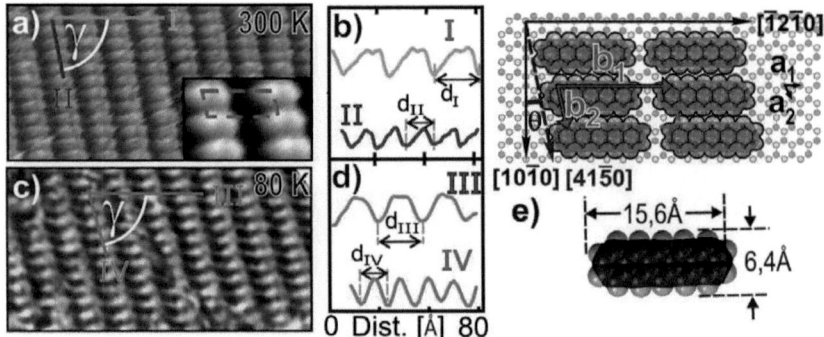

**Abb. 5.3:** Hochaufgelöste STM-Aufnahmen $U_{Probe}$= -2,0 V, I= 30 pA) von Pentacen auf HOPG. (a-b) zeigen eine Raumtemperaturmessung (300 K) mit entsprechenden Linescans $d_I$ und $d_{II}$. Das zusätzliche Fenster in (a) zeigt eine über die Einheitszelle gemittelte Vergrößerung (*correlated averaged*) des Adosorbatmotivs. In (c) ist das gleiche Motiv unter gleichen Tunnelbedingungen bei tiefen Temperaturen (80 K) ebenfalls mit Linescans (d) dargestellt. Die schematische Zeichnung in (e) fasst die erhaltene epitaktische Überstruktur zusammen und veranschaulicht die *van der Waals* Dimensionen des Pentacenmoleküls.

Auf Grund der schwachen Molekül-Substratwechselwirkung sind neben den kom-

## 5.1. Wachstum und Struktur von Pentacenfilmen auf Graphit

mensurablen Pentacenmonolage auch Bereiche zu beobachten, in denen die Inseln in Bögen zueinander wachsen (vergleiche auch 5.2 a) gestrichelte Ovale). Abbildung 5.4 a) zeigt Inseln mit geraden Kanten, in denen die Registrierung mit der in Abb. 5.3 gezeigten überein stimmt neben Gebieten, in denen das Inselwachstum vom Substratgitter losgelöst in Bogenform stattfindet. Des Weiteren findet von Teilbild 5.4 b) nach (c) sowie von (d) nach (e), welche jeweils innerhalb von 1,5 Minuten aufgenommene Bilder des jeweils selben Bereichs darstellen, eine deutliche Veränderung der Inselformen statt. Durch den Scanvorgang werden Moleküle von ihren Adsorptionsplätzen entfernt um an anderer Stelle erneut zu adsorbieren. Dies hat einen erheblichn Einfluss auf die Tunnelbedingungen und damit auf die erhaltenen Abbilder der elektronischen Struktur der Oberfläche wie sich in (a) und (b) jeweils von Markierung I zu II zeigt. Durch das Aufnehmen und Ablegen von einzelnen Molekülen mit der Tunnelspitze wird in einem Fall zwischen Wolframspitze und Molekül auf Substrat getunnelt und im anderen Fall zwischen Molekül an der Spitze und Molekül auf dem Substrat getunnelt. Diese hohe Mobilität der Moleküle der Submonolage als auch einzelner Moleküle der zweiten Lage wurde auch bei den durchgeführten Tieftemperaturmessungen (80 K) beobachtet.

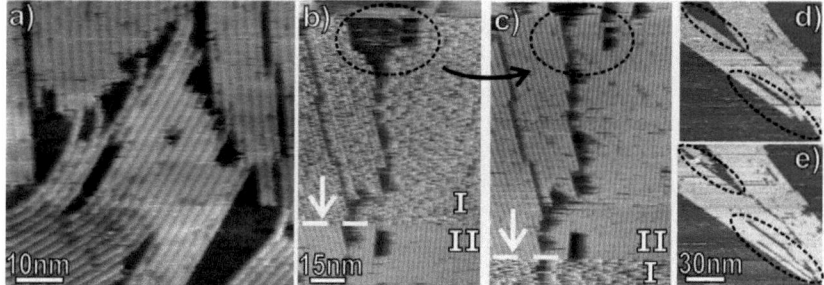

**Abb. 5.4:** Raumtemperatur STM-Aufnahmen von Pentacen Submonolagen auf HOPG $U_{Probe}$= -2,0 V, I= 30 pA). (a) zeigt Inseln der dicht gepackten kommensuraten Struktur die auf Grund der schwachen Molekül-Substratwechselwirkung in Bögen zueinander wachsen. Die aufeinanderfolgenden Scans (b-c) bzw. (d-e) zeigen in den mit gestrichelten Ovalen markierten Bereichen morphologische Veränderungen der Inselformen. Dieses weitere Anzeichen für die schwache Wechselwirkung wird durch die in (b) und (c) von I nach II zu beobachtenden Veränderungen der Abbildungsbedingungen durch Aufnehmen und Ablegen von Admolekülen - sogenannten *tip-switches* - zusätzlich unterstrichen.

### 5.1.3 Morphologie der Multilagen

Auf Grund der geringen Leitfähigkeit von Molekülmultilagen ist deren rastertunnelmikroskopische Charakterisierung nur bis zu einer gewissen Dicke möglich. Daher wurde zunächst eine systematische morphologische Strukturanalyse mit Hilfe von Rasterkraftmikroskopie im *tapping mode* bei Raumtemperatur an Luft durchgeführt. Die in Abbildung 5.5 gezeigten Filme unterschiedlicher nomineller Schichtdicken zeigen nadelförmige, über mehrere mikrometer augedehnte, molekular glatte Inseln. Eine genauere Analyse der Terrassen im vergrößerten Teilbild (b) verdeutlich die geringe Rauhigkeit und zeigt im *Linescan* I, dass es sich um monomolekulare Stufen liegender Moleküle mit einer Höhe von h = 4±1 Å handelt. Die nicht vollständige Bedeckung des Substrates erlaubt es die reelle Schichtdicke mit bis zu 8 nm anzugeben. Bei einer nominell aufgebrachten Schichtdicke von 3 nm spricht man daher von einer Entnetzung des Molekülfilms auf der Obefläche. Eine vergleichbare Morphologie mit noch größeren, ausgedehnteren Plateaus auf ähnlichen Inseln wird in (c) für einen nominell 35 nm dicken Film gefunden. Diese charakteristische Morphologie ändert sich weder durch die Aufbewahrung über mehrere Monate an Luft, noch durch zwei stündiges Heizen unterhalb des Ansatzes der Multilagendesorptionstemperatur ( 360 K, vgl. dazu auch Abb. 5.1 der TD-Spektren) im Vakuum.

Abgesehen von der oben beschriebenen Topographie wird trotz sorgfältiger Substratpräparation - auch nach vorherigem Heizen im Vakuum auf 700 K für einige Stunden - auf einigen Bereichen der Probe auch eine andere Morphologie beobachtet. In (e) ist die Substratgüte dafür mittels LEED charakterisiert worden. Die Aufnahme der reinen HOPG-Oberfläche zeigt bei 196 eV scharfe Ringe, die für eine hohe lokale Ordnung sprechen, die über einen großen Bereich azimutal gemittelt ist. Dieses für HOPG charakteristische ringförmige Beugungsmuster [241] verhindert auch die Bestimmung der Überstruktur mittels LEED. In Abbildung 5.5 d werden auf der selben wie in (c) abgebildeten Probe scheibenförmige, pyramidenartige Inseln gefunden, deren Topographie der in (f) gezeigten von Pentacen auf $SiO_2$ stark ähnelt [242]. Aus einer hier nicht gezeigten Profillinie resultiert eine Stufenhöhe von h = 15±1 Å. Dies ist in Einklang mit dem zu erwartenden (001)-Interlagabstand der Pentacendünnfilmphase, in der die Moleküle eine aufrecht stehende Geometrie einnehmen. In einer früheren Studie [80] von Pentacen auf Au konnte herausgestellt werden, dass das Wachstum in hohem Maße von der Oberflächenrauhigkeit abhängt. Zur Verifizierung dieses Erklärungsansatzes und für den in (d) gezeigten morphologischen Befund wurde die Rauhigkeit der Graphitoberfläche auf atomarer Skala absichtlich erhöht. Die Gitterordung der Oberfläche wurde dafür vor der Bedampfung mit Hilfe eines *Sputter*-zykluses ($Ar^+$-ionenbeschuss für 10 min, bei 700 eV) zerstört (vgl. Darstellung des Sputtervorganges in Abb. 4.1). Abbildung 5.6 a zeigt nun charakteristische AFM-Aufnahmen der daraus erhaltenen Morphologie. Es wird offensichtlich, dass im Gegesatz zur „perfekt" präparierten Oberfläche, auf der das Wachstum der dentritischen Inseln eine Minorität darstellt, dieses nun die Majorität repräsentiert. Die Vergrößerung in Teilbild (b) mit dem dazugehörigen Höhenprofil ergibt die, auf Grund der Morphologie der Inseln, zu erwartenden Stufenhöhen von h = 15±1 Å. Diese auf dem überwiegenden Teil der Probe beobachteten dendrietischen Inseln belegen

5.1. Wachstum und Struktur von Pentacenfilmen auf Graphit 107

**Abb. 5.5:**
Raumtemperatur *tapping mode* AFM Aufnahmen von Pentacen - präpariert mit R = 8 Å/min - unterschiedlicher nomineller Schichtdicke auf HOPG. In (a-b) ist ein Film mit 3 nm nomineller Schichtdicke abgebildet. Die Vergrößerung in (b) zeigt mit dem dazugehörigen *Linescan* I, dass es sich um glatte Terassen mit monomolekularen Stufen handelt. *Linescan* II verdeutlicht Entnetzung des Molekülfilms auf der Oberfläche. In (c-d) wurden 35 nm nominell aufgebracht, wobei sich die Struktur in (c) repräsentativ für den überwiegenden Teil der Oberfläche auszeichnet und die in (d) für eine, trotz sorgfältiger Substratpräperation auftauchende, Minorität auszeichnet. Die Qualität der verwendeten Substrate ist in (e) exemplarisch mittels eines LEED-Bildes bei 196 eV verifiziert worden. (f) zeigt zum Vergleich die Topographie von Pentacen auf $SiO_2$.

die Wichtigkeit der Gitterstruktur für das Molekülfilmwachstum in deutlicher Weise. Das Wachstum auf der, auf atomarer Skala „angerauten" Graphitoberfläche ist - wie eingangs vermutet - mit dem auf $SiO_2$ in Einklang.

### 5.1.4 Kristallstrukturanalyse mittels Röntgenbeugung

Zur Identifizierung der kristallinen Phasen und der Orientierung der Pentacenfilme wurden in Abbildung 5.7 Molekülschichten unterschiedlicher Schichtdicken und Substratbeschaffenheit mittels Röntgenbeugung charakterisiert. Dafür wurde zunächst eine intrinsische Kalibrierung eines möglichen Diffraktometer spezifischen Winkeloffsets durchgeführt. Einen Marker liefert einem dafür der durch dünne Filme hindurch

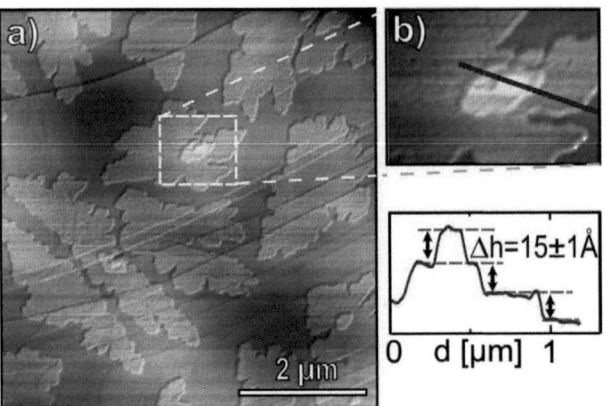

**Abb. 5.6:**
Raumtemperatur *tapping mode* AFM Aufnahmen eines nominell 2 nm dicken Pentacenfilms auf einer gesputterten HOPG Probe. Die Vergrößerung in (b) zeigt den Ansatz eines pyramidalen Wachstums mit der aus dem Linescan resultierenden Stufenhöhe von h = 15±1 Å.

sichtbare charakteristische (0001) Reflex vom Graphitsubstrat bei $\theta = 26{,}61°$ (entsprechend dem Interlagenabstand von $d_{(0001)}=3{,}35$ Å). Abbildung 5.7 a zeigt den $\theta/2\theta$ Scan eines 20 nm dicken Pentacenfilms, der neben dem C(0001) Reflex zwei weitere Charakteristika aufweist. Bei 24,04° findet sich ein intensiver und bei 25,53° ein wesentlich schwächerer Peak. Wie bereits im einleitenden Teil beschrieben, wurde die Zuordnung mit Hilfe der Visualisierungs- und Analysesoftware *Mercury* der *Cambridge crystal structural database* (CCSD) Pulverdiffraktogramme für die drei bekannten Kristallstrukturen von Pentacen (Abb.5.7 d-f) Siegristphase [243], Campbellphase [244] und Dünnfilmphase [202, 245] berechnet. Die oben erwähnten Beugungspeaks können darüber eindeutig als (022) und ($1\bar{1}3$) Reflexe der Siegristphase, mit einem Interlagenabstand von 3,70 Å respektive 3,49 Å identifiziert werden. Es ist zu bemerken, dass die Lage des intensiveren Peaks bereits in einer früheren Arbeit [235] zu Pentacen auf Graphit beobachtet wurde, aber fälschlicherweise als (200)-Reflex eines vermeintlichen Polymorphismus identifiziert wurde.

Abbildung 5.7 b zeigt das Diffraktogramm eines 200 nm dicken Pentacenfilms, in dem wie zu erwarten der oben erwähnte (0001) Substratreflex nicht mehr sichtbar ist. Neben weiterhin dominierenden (022) Reflexen sind einige schwächere Reflexe bei 8,75° (d=10,10 Å), 17,64° (5,02 Å), 19,13° (4,64 Å), 21,61° (4,11 Å), 22,22° (4,00 Å), 25,45° (3,50 Å), 33,12° (2,70 Å), 36,59° (2,45 Å) und 37,24° (2,41 Å) zu beobachten. Bis auf den ersten und den fünften dieser Peaks (mit Pfeilen markiert) können alle weiteren, indiziert als: (111), ($10\bar{2}$), ($1\bar{1}2$), ($1\bar{1}3$), ($2\bar{1}1$), (132) und (214) Reflexe einer bekannten kristallografischen der Siegristphase zugeordnet werden. Die nicht indizier-

## 5.1. Wachstum und Struktur von Pentacenfilmen auf Graphit

ten Peaks könnten von zusätzlichen kristallinen Fasern herrühren, die vom Substrat losgelöst auf dem eigentlichen Film in einer Art Gerüststruktur wachsen. Dies wurde in einer früheren Studie [80] von dicken Pentacenfilmen auf Gold auch beobachtet.

Wie bereits aus den in Abb.5.6 gezeigten AFM Daten hervorgeht unterscheidet sich das Wachstum auf rauen Graphit deutlich von dem auf sauber präpariertem. Dies bestätigt sich auch an dem in Abb. 5.7 c) gezeigten Diffraktogramm eines 50 nm dicken Films auf einem zunächst sauber gespaltenen und anschließend gesputterten (3 Stunden, 1,2 keV mit $Ar^+$-ionen) HOPG-Substrat. Es sei bemerkt, dass zur Verifizierung der substanziellen Fehlordnung durchgeführte LEED-Messungen nicht mehr das in Abb.5.5 e) gezeigte charakteristische Beugungsmuster in Form von Ringen zeigten. Im Diffraktogramm werden intensive Reflexe bei kleinen Winkeln von $2\theta = 5{,}74°$, $11{,}47°$ und $17{,}25°$ beobachtet, welche als *Bragg*-Peaks erster und höherer Ordnung der (001) Ebene der Dünnfilmphase identifiziert werden können. Der daraus erhaltene Interlagenabstand beträgt 15,4 Å. Zusätzliche wesentlich schwächere Peaks bei $6{,}10°$ und $12{,}25°$ sind der (001)-Ebene (d=14,4 Å) von Pentacen in der Campbellphase zu zuordnen. Die bei größeren Winkeln zwischen ($16{,}5°- 38°$) auftauchenden mehr oder weniger intensiven Reflexe entsprechen den indizierten der Siegristphase und rühren von kleineren Inseln auf Bereichen mit im Wesentlichen intaktem Graphit. Die hohe Deffektdichte auf rauem HOPG sorgt also offensichtlich dafür, dass Pentacenmoleküle in ihrer thermodynamisch favorisierten [246] aufrechten Orientierung wachsen. Die Beobachtungen lassen daher Parallelen zum Wachstum auf $SiO_2$ und anderen inerten Substraten wie KCl [105] oder PTFE [107] erkennen. Auch hier wurde von dünnen zu dickeren Filmen hin ein Übergang von der Dünnfilm- zur Campbellphase beschrieben [100, 247].

Im Gegensatz dazu kristallisiert Pentacen auf hoch geordnetem Graphit in der Siegristphase und dabei hauptsächlich in der (022)-Kontaktebene. In dieser kristallographischen Phase liegen die Moleküle und ermöglichen so eine möglichst große Kontaktfläche mit dem Substrat.

### 5.1.5 NEXAFS

Für weitere Informationen über die elektronische Kopplung und eine Verifizierung der Orientierung der Moleküle in den verschiedenen Filmen wurden Röntgenbeugungsmessungen durchgeführt. Wie bereits im experimentellen Teil erwähnt, ergibt sich im Vergleich zu früheren NEXAFS-Studien von Pentacenfilmen auf Metallen [80, 108, 110] oder $SiO_2$ [108] bei der Analyse von aromatischen Molekülen auf Graphit die Schwierigkeit, dass die $C1s$ NEXAFS-Signatur des Moleküls mit der des Substrates überlappt. Aus diesem Grund wurde zunächst die ungestörte $C1s$ NEXAFS-Signatur von Pentacen betrachtet. Als Referenzsystem für einen wohl geordneten, schwach wechselwirkenden, Pentacenfilm, wurden daher in Abbildung 5.8 f eine Reihe Spektren eines 10 nm dicken Film auf $SiO_2$ geplottet. Die charakteristische Signa-

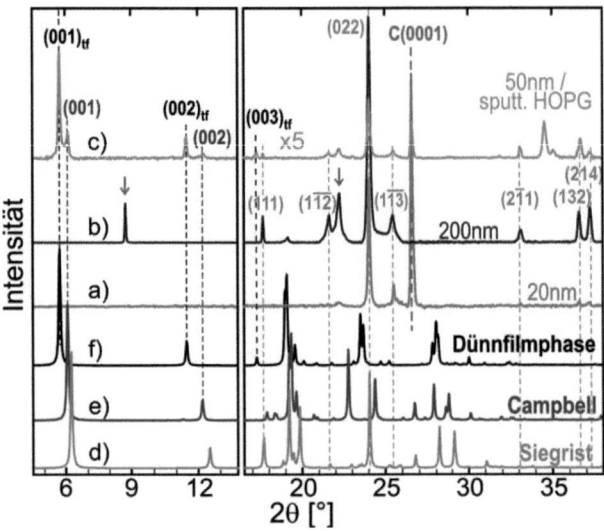

**Abb. 5.7:**
$\theta/2\theta$ Scans von unterschiedliche dicken Pentacenfilmen auf HOPG: (a) 20 nm (5 Å/min, 300 K), (b) 200 nm (15 Å/min, 300 K) und (c) 50 nm (10 Å/min, 300 K) auf gesputtertem HOPG. In (d-f) sind zusätzlich sind die berechneten Pulverdiffraktogrammen der verschiedene kristallinen Phasen von Pentacen geplottet: (d) *Siegrist*-Phase, (e) *Campbell*-Phase und (f) Dünnfilmphase.

tur dieses Spektrums sind die ausgeprägten Resonanzen bei 283 - 287 eV auf Grund der Anregung der C1s Elektronen in die dicht gepackten unbesetzten $\pi^*$-Orbitale sowie die breiten Resonanzen der Anregungen in $\sigma^*$-Orbitale bei höheren Energien. Die theoretische Analyse zeigt, dass die Intensitäten der $\pi^*$-Resonanzen von der Orientierung des elektrischen Feldvektors, $\vec{E}$, des einfallenden Synchrotronlichtes in Relation zum Übergangsdipolmoment, $\vec{T}$, welches senkrecht zur Ringebene aromatischer Moleküle wirkt, stehen (vgl. 5.8 b) [150, 152]. Mittels NEXAFS-Messungen unter verschiedenen Einfallswinkeln des Lichtes, $\varepsilon$, ist es daher möglich der mittleren Verkippungswinkel von $\vec{T}$ relativ zur Oberflächennormalen der Probe, $\alpha$, zu detektieren. Für Substrate mit dreizähliger Symmetrie gilt daher folgender Ausdruck $I_{\pi^*} = \frac{1}{2}(P\cos^2\varepsilon(3\cos^2\alpha - 1) + 1 - \cos^2\alpha)$ [150, 152]. Aus der quantitativen Analyse des Dichroismus der $\pi^*$-Resonanzen der in (f) gezeigten Serie von Spektren des Films auf SiO$_2$ ergibt daher ein mittlerer Winkel von $\alpha = 79°$. Dieser Wert, der für aufrecht stehende Moleküle spricht, ist in Einklang mit der Röntgenstrukturanalyse, die eine (001)-Orientierung der Filme zeigt.

Die in Abbildung 5.8 a) gezeigten C1s NEXAFS-Spektren für reines Graphit zeigen

## 5.1. Wachstum und Struktur von Pentacenfilmen auf Graphit

zwei ausgeprägte $\pi^*$- und $\sigma^*$-Resonanzen bei Photonenergien von 291,4 und 291,7 eV. Für Pentacen auf HOPG wird, wie in der darunter geplotteten unnormierten Spektrenserie eines 5 nm dicken Films, eine partielle Überlappung der $\pi^*$-Regionen erhalten. Um nun trotzdem eine NEXAFS-Signatur des Molekülfilms zu erhalten, wurde vor der Normierung in Einheiten des Kantensprungs das Substratsignal abgezogen. Für dickere Filme wurde mit Hilfe der $\sigma^*$-Resonanz vor der Subtraktion eine Gewichtung der Abschwächung des Substratsignals vorgenommen. Diese Skalierung ist erlaubt, da die ausgeprägte $\sigma^*$-Resonanz des Substrates mit keiner NEXAFS-Resonanz von Pentacen koinzidiert. In Folge dessen wird ein Spektrum ohne charakteristischen Peak bei 291,7 eV erhalten.

Es ist zu bemerken, dass auch bei einem 20 nm dicken Film - hier nicht gezeigte Daten - eine charakteristische NEXAFS-Signatur des Graphitsubstrats zu beobachten ist. Berücksichtigt man in diesem Zusammenhang die mittlere freie Weglänge der Elektronen im Festkörper - in Abhängigkeit von der verwendeten kinetischen Energie - $\lambda \approx 5,5$ nm [80], wird der schon in den AFM-Daten (vgl. Abb. 5.5 a,c) offensichtliche Befund von 3D-Inseln, die durch tiefe Gräben voneinander getrennt sind, untermauert.

In Abbildung 5.8 c) ist ein Satz NEXAFS-Spektren eines 1 nm dicken Pentacenfilms auf HOPG für unterschiedliche Einfallswinkel geplottet. Die Spektren wurden nach Abzug des Substrathintergrundes in ihrer Intensität auf die Einheiten des Kantensprungs normiert. Alle Spektren zeigen in der $\pi^*$-Region fünf ausgeprägte Resonanzen bei 283,7, 284,3, 284,6, 285,8, und 286,2 eV - gekennzeichnet durch die gestrichelten senkrechten Linien - und weitere Peaks bei 287,8, 288,9, 290,3, 293,8 und 300,4 eV die als $\sigma^*$-Resonanzen zu identifizieren sind. Energetisch gesehen stimmen die Resonanzen nahezu mit denen eines dicken Films auf $SiO_2$ (vgl. Abb. 5.5 f) überein, unterscheiden sich allerdings im Dichroismus. Insbesondere fällt auf, dass im Gegesatz zu Pentacenfilmen auf Metallen [80, 108, 110], bei denen die erste Monolage chemisorbiert ist, keine Verbreiterung der $\pi^*$-Resonanzen zu beobachten ist. Dies ist in Einklang mit den TDS Daten, die keine spezifische Bindung der ersten Lage auf HOPG voraussagen. Aus der quantitativen Analyse des Dichroismus ergibt sich ein mittlerer Verkippungswinkel des Übergangsdipolmoments von $\alpha=30°\pm3°$ relativ zur Oberflächennormalen. Diese Geometrie liegender Moleküle ist im Teilbild (d) mittels einer schematischen Skizze angedeutet. Der erhaltene Winkel passt in hervorragender Weise zur aus der Röntgenbeugung erhaltenen präferentiellen (022)-Ebene des Bulkwachstums, die einen mittleren Verkippungswinkel der aromatischen Ringe zur Oberflächennormalen von $\alpha=28°$ enthält. Unter Kenntnis der kristallographische und molekularen Orientierung lässt sich nun die Aussage treffen, dass eine nominelle Schichtdicke von 1 nm in etwa drei Molekülagen entspricht. In Anbetracht der Tatsache, dass die erste Lage in einer planaren Adsorptionsgeometrie aufwächst und die Folgenden in der (022)-Phase, müssten sich gemittelt über die drei Lagen Verkippungswinkel von 18° ergeben. Da dies aber selbst im Rahmen der Messungenauigkeit nicht der Fall ist, ist davon auszugehen, dass die erste Monolage von der den dar-

112    Kapitel 5. Ergebnisse zum Wachstum organischer Filme auf Graphit

aufwachsenden Lagen angehebelt wird und damit die Bulkgeometrie übernimmt. An dieser Stelle sei angemerkt, dass die NEXAFS-Signatur der Pentacen (Sub)-monolage auf Grund der Überlagerung mit den intensiven Substratresonanzen nicht bestimmt werden konnte. Dass es sich um eine flach liegende Adsorptionsgeometrie handelt, konnte aber schon in einer früheren Studie [234] gezeigt werden.

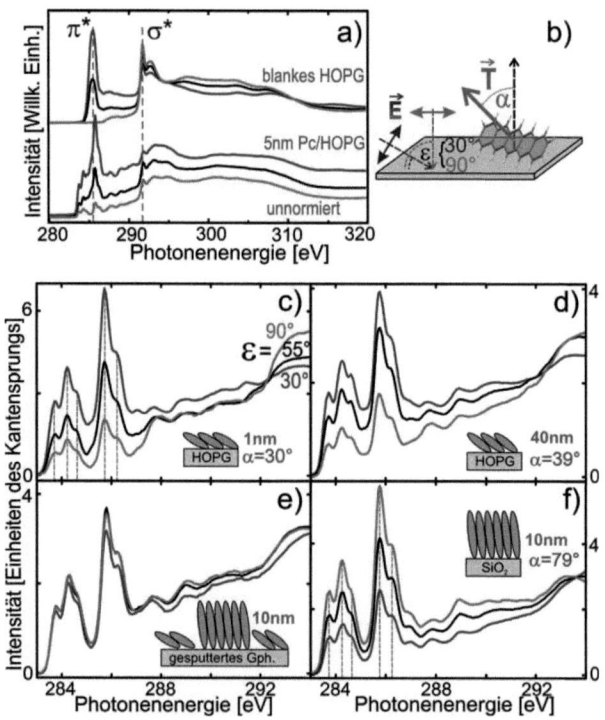

**Abb. 5.8:**
Serie von C1s NEXAFS-Spektren für blankes mit Pentacen bedecktes HOPG: (a) zeigt ein Übersichtsspektrum des blanken Substrates neben der Unnormierten eines 5 nm Pentacenfilms auf Graphit ($T_{sub}$ 300 K, R = 10 Å/min). Die Teilbilder (c-f) zeigen vergrößerte Ausschnitte der $\pi^*$-Region NEXAFS-Spektren unterschiedlich präparierter Pentacenfilme zusammen mit einer schematischen Skizze zur Verdeutlichung der detektierten mittleren Verkippungswinkel: (c) 1,0 nm auf HOPG (300 K, 2 Å/min), (d) 40 nm auf HOPG (300 K, 15 Å/min), (e) 10 nm auf gesputtertem HOPG (300 K, 15 Å/min), (f) 10 nm auf $SiO_2$ (300 K, 15 Å/min). Alle Spektren wurden für verschiedene Orientierungen (blau, schwarz, rot) des einfallenden elektrischen Feldvektors, $\vec{E}$, relativ zur Oberfläche aufgezeichnet. (b) verdeutlicht dies schematisch.

## 5.1. Wachstum und Struktur von Pentacenfilmen auf Graphit

Eine ähnliche NEXAFS-Signatur wurde für dickere Filme beobachtet, wobei aus der quantitativen Analyse der Dichroismen wie in Abb. 5.8 d) für einen 40 nm dicken Pentacenfilm gezeigt, mit bis zu 39°ein etwas größerer mittlerer Verkippungswinkel erhalten wird. Unter Berücksichtigung der Ergebnisse der Röntgenstrukturanalyse lässt sich diese Änderung des Winkels aber auf Inseln anderer kristalliner Phasen zurückführen. Zur weiteren Verifizierung des Wachstums wurden die entscheidenen Parameter, wie die Aufdampfrate (2 – 450 Å/min), die nominelle Schichtdicke sowie die Substrattemperatur (230 – 350 K + Tempern der Probe auf 385 K nach der Bedampfung) variiert. Dies systematische Studie wurde mittels NEXAFS durchgeführt, da dies im Vergleich zu XRD-Messungen - ein $\theta/2\theta$ Scan dauert bis zu 12 Stunden - wesentlich effizienter realisierbar ist. Die hier nicht gezeigten Spektren spiegeln eine sehr ähnliche Signatur wie der in 5.8 d) plotteten wider. Ihre quantitative Analyse ergibt mittlere Verkippungswinkel für $\alpha$ von 30° bis 41°, was für eine Wachstumsparameter unabhängige, robuste Filmstruktur spricht.

Im Gegensatz dazu hat die Substratrauhigkeit einen wesentlichen ausgeprägteren Einfluss auf die Filmstruktur und die molekulare Ordnung. Abbildung 5.8 e) zeigt, als Beispiel Wachstum auf einer deffektreichen Obefläche, ein typisches NEXAFS-Spektrum eines 10 nm dicken Pentacenfilms auf gesputtertem Graphit. Da die NEXAFS-Signatur keinen Dichroismus zeigt, ist von einer völlig ungeordneten Schicht auszugehen oder eben einem Verkippungswinkel nahe dem Magischen von 55°. Mit Blick auf die in Abb.5.7 c) gezeigten ausgeprägten Beugungsmuster, kann eine isotrope molekulare Orientierung allerdings ausgeschlossen werden. Der mittlere Verkippungswinkel des Molekülfilms auf rauem Graphit ist daher mit $\alpha = 55°$ anzugeben. Es ist zu berücksichtigen, dass auf Grund der Spotgröße auch über Bereiche verschiedener Kristallinität gemittelt und damit molekularer Orientierung gemittelt wird. Die annähernd gleiche NEXAFS-Signatur wird erhalten, wenn man das Spektrum von nahezu aufrecht stehenden Molekülen - wie in Abb. 5.7 f) - gezeigt, mit dem der präferenziell in der (022)-Siegristphase orientierten Insel bestehend aus liegenden Molekülen (vgl. Abb. 5.7 d) überlagert.

### 5.1.6 Multilagencharakterisierung mittels STM

Wie bereits in Kapitel 5.1.3 erwähnt ist die rastertunnelmikroskopische Charakterisierung von Multilagenfilmen auf Grund der geringen Leitfähigkeit nur eingeschränkt möglich. Damit verbunden ist das ungewollte Aufnehmen und Ablegen von Molekülen [146] mittels der Tunnelspitze und den dadurch erzeugten unnatürlichen Artefakten innerhalb der molekularen Inselstruktur. Trotzdem ist es im Rahmen dieser Studie unter Verwendung sehr kleiner Tunnelströme $\leq 30$ pA gelungen, Pentaceninseln bis zu einer Dicke von 10 nm in molekularer Auflösung ohne erkennbare Zerstörung der Struktur abzubilden. Dies ermöglicht, es wichtige Details über das anfängliche Stadium des Wachstums der Multilagenfilme abzuleiten.

114  Kapitel 5. Ergebnisse zum Wachstum organischer Filme auf Graphit

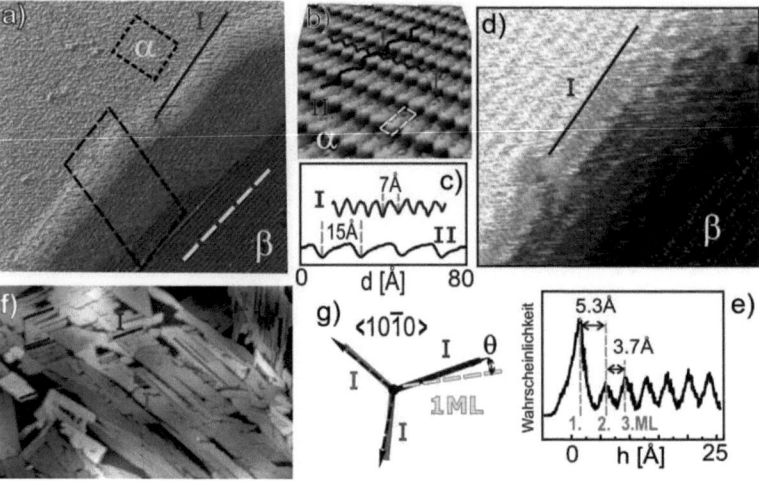

**Abb. 5.9:**
(a) Topographie einer 6 nm hohen Pentaceninsel auf Graphit, umgeben von einer Monolagenbedeckung ($\beta$) mittels Raumtemperatur STM abgebildet. Teilbild (b) zeigt das Plateau von (a) (markiert mit $\alpha$) in Hochauflösung der einzelnen Moleküle mit den dazugehörigen Linescans in (c). In (d) ist der Rand einer Insel in nahezu molekularer Auflösung der Stapelung dargestellt. (e) zeigt die mittels XRD-Daten zugehörige kreuzkalibrierte Höhenverteilung. (f) zeigt eine AFM-Aufnahme eines nominell 35 nm hohen Pentacenfilm, in dem die Inselkanten in Längsausdehnung farbig markiert wurden. (g) setzt die Markierungen aus (f) schematisch in eine epitaktische Relation zum Substrat.

Durch das Aufbringen eines nominell 3 nm dicken Pentacenfilms werden molekular glatte Inseln mit einer Höhe von bis zu 8 nm erhalten. Abbildung 5.9 a) zeigt ein STM-Bild von einem Teil einer 6 nm hohen Pentaceninsel (Bereich $\alpha$), die von einer Monolage - mit den bereits in Kapitel 5.1.2 diskutierten charakteristischen Rillenmustern - umgeben ist. Im hochaufgelösten Teilbild (Abb.5.9 (b) des Inselplateaus $\alpha$ aus (a), konnte dann sogar die Anordnung der Moleküle in der Multilage abgebildet werden. Die Analyse der zugehörigen Linescans in (b,c) ermöglich es dann, eine rechteckige Einheitszelle mit den lateralen Dimensionen $d_I = 7 \pm 0,5$ Å und $d_{II} = 15 \pm 0,5$ Å zu definieren. Ein Vergleich mit den zu erwartenden Dimensionen von 6,3 Å und 14,8 Å sowie dem eingeschlossenen Winkel von 89,6° für die Einheitszelle in der (022)-Ebene der Siegristphase ergibt eine gute Übereinstimmung. Die 3D-Darstellung von (b) sowie der *Linescan* II unterstützen zusätzlich den Eindruck einer nichtplanaren Orientierung, was in Einklang mit der prognostizierten Anordnung in der (022)-Ebene ist.

5.1. Wachstum und Struktur von Pentacenfilmen auf Graphit 115

Ein weiteres wichtiges Detail liefert das hochaufgelöste Teilbild vom Rand einer Multilageninsel in (d) mit dem zuhörigen Histogramm der Topographie in (e). Für eine akkuratere Kalibrierung als man sie mit der Standarteinstellung des Piezoscanners erhalten kann, wurde Kreuzkalibrierung mit den XRD-Daten vorgenommen. Ausgehend vom bekannten Interlagenabstand der (022)-Ebene ($d_{(022)}$=3,7 Å) konnte dem Höhenverteilungsdiagramm ein intrinsischer Marker zugefügt werden. Es fällt auf, dass sich die Seperation zwischen erster und zweiter Monolage deutlich von der der weiteren Lagen unterscheidet. Dies spricht für eine Modifizierung der Stapelfolge am Boden einer Multilage, einem später ausführlich diskutierten Grenzflächeneffekt.

Wie im Falle der Monolagen weisen auch die Multilageninseln - sofern sie sich auf einer einzelnen Graphitflocke befinden - eine lokale Ordnung auf. Die Inseln sind nicht isotrop verteilt, sondern in gerade drei azimutale Vorzugsrichtungen eingeteilt. Zur Verdeutlichung dieser Evidenz sind in der AFM-Aufnahme in Abb. 5.9 f) die Längsrichtungen der nadelförmigen Inseln mit farbigen Linien markiert. In Kombination der STM-Daten aus Abb. 5.9 a) mit dem erhaltenen Muster vom Plateau der Insel - Kopf an Kopf Geometrie entlang der Profillinie I die in entsprechender Orientierung in a-g eingezeichnet ist - und der ermittelten Überstruktur der Monolage zum Substrat (vgl. Kapitel 5.1.2) können die farbigen Linien in ein sinnvolles Schema übertragen werden. Dies ist in Abbildung 5.9 g) insofern geschehen, als dass die Profillinien I in Relation zur Orientierung des Streifenmusters der ersten Monolage (1ML in g) gesetzt wurden. Unter Berücksichtigung der dreizähligen Symmetrie des Substrates ergibt sich ein charakteristischer Winkel von ca. 10° zwischen den Streifenmustern von Mono- und Multilage. Der Winkel entspricht im Rahmen der Messgenauigkeit $\theta$ aus Abb. 5.2 e), womit die Molekküllängsachsen (durch die farbigen Linien in (g) gekennzeichnet) parallel zur $\langle 10\bar{1}0 \rangle$ Substratrichtung eingezeichnet werden können. Als Indiz dafür, dass die Rotation von 10° nicht in die andere Richtung (Spiegelung an 1ML) stattfindet, wird dabei das Auffinden von genau drei azimutalen Vorzugsrichtungen gewertet. Es ist daher davon auszugehen, dass auch die Pentacenmultilagenfilme epitaktisch auf Graphit wachsen.

## 5.1.7 Disskusion zum Wachstum von PEN auf HOPG

Am Anfang der Diskussion steht nun thematisch sinnvoll und chronologisch wie bei der Beschreibung und Aufarbeitung der im Rahmen der Studie gezeigten Daten, die Analyse der Molekül-Substratwechselwirkung. Es wurden eine Reihe von Thermodesorptionsspektren für unterschiedliche dicke Pentacenfilme auf Graphit aufgenommen, die sich alle durch genau einen charakteristischen Multilagendesorptionspeak auszeichneten und damit kein Indiz für eine stärker gebundene einzelne Monolage lieferten. Damit unterscheidet sich die Molekül-Substratwechselwirkung deutlich von der auf den erwähnten Metallen (Cu, Ag, Au) [108, 110, 153], bei denen jeweils eine chemisorbierte erste Monolage vorliegt. Des Weiteren konnte selbst die Desorption aufgebrachter (Sub)-Monolagenfilme mit Hilfe der Kinetik nullter Ordnung beschrieben werden, was als thermisch induziertes Entnetzen - des Films hinzu Inseln - vor der Desorption zu interpretieren ist. Diese Erkenntnisse indizieren, dass die Pentacen-Graphitwechselwirkung wesentlich schwächer als die intermolekulare Wechselwirkung im Kristall ist. Mit Hilfe einer Abschätzung der Moleküladsorptionsenergie auf Basis einer Aufaddition der effektiven Paarpotentialenergien - abgeleitet von einer Studie in der systematisch TDS-Spektren von polyzyklischen aromatischen Kohlenwasserstoffen - kann dies dann auch belegt werden. Unter Verwendung der abgeleiteten Grenzwerte der Wechselwirkungsenergien (H-HOPG: 27 meV, C-HOPG: 52 meV) wird eine Adsorptionsenergie von 1,14 meV für Pentacen auf Graphit erhalten, die damit wesentlich geringer als die Sublimationsenthalpie von Pentacen 1,63 eV (156,9 kJ/mol) ist. [239]. Diese sehr schwache Wechselwirkung lässt sich auch mit Hilfe der Ähnlichkeit der Reorganisationsenergie von Pentacen in der Gasphase (108 meV [248]) und auf Graphit (118 meV [237, 249]) abgeleitet aus UPS-Messungen belegen. Im Vergleich dazu wird für eine chemisorbierte Monolage auf Au(111) mit 174 meV ein wesentlich höherer Wert beobachtet [160]. Dass es keine weiteren elektronischen Wechselwirkungen zwischen Molekülen und Substrat gibt, wird anhand der NEXAFS-Daten, die keinen Unterschied in der Signatur der Mono- zu den Multilagenfilme aufweisen, zusätzlich untermauert. Im Gegensatz dazu zeigt die C1$s$-NEXAFS-Signatur von chemisorbierten Monolagen auf Metallen neben einer ausgeprägten Verbreiterung der $\pi^*$-(sub)-Resonanzen einen zusätzlichen Desorptionspeak bei signifikant höheren Temperaturen als der Multilagendesorptionspeak [80, 110, 153]. Insbesondere wird damit die These von Yamane $et$ $al.$ und Shionoiri $et$ $al.$ [237, 238] widerlegt die besagt, dass sich Monolagenfilme selektiv mittels Multilagendesorption präparieren lassen. Des Weiteren ist zu bemerken, dass in einer früheren Studie mittels Dichtfunktionaltheorie Rechnungen ebenfalls eine stärker elektronische Molekül-Substrat als Molekül-Molekül-Wechselwirkung (40 meV vs. 11 meV) gefunden wurde [250]. Dies ist nicht in Einklang mit den präsentierten Daten und auf die wohlbekannte Schwierigkeit zurückzuführen, mittels DFT-Rechnungen genaue $van$ $der$ $Waals$-Wechselwirkungen zu beschreiben.

Im (sub)-Monolagenbereich bildet Pentacen auf Graphit hochgeordnete Inseln, in denen die Moleküle mit ihren Ringebenen planparallel zum Substrat eine $\left(\begin{smallmatrix} 7 & 0 \\ -1 & 3 \end{smallmatrix}\right)$ Überstruktur ausbilden. Entsprechend der dreizähligen Symmetrie des Substrates erscheint diese Struktur in sechs Rotations- und Spiegeldomänen. Diese Bestimmung wurde mit Hilfe einer sorgfältigen Analyse der relativen Orientierungen der Inseldomänen, in Relation ihrer Registrierung zum Substratgitter über einen hinreichend großen, einkristallinen Bereich - unter Berücksichtigung auf die im HOPG vorhandenen zufällig zueinnader orientierten Korngrenzen - vorgenommen und ist damit eine äußerst präzise aussagekräftige Methode. Die erhaltene Einheitszelle mit einer Fläche von 110,1 Å$^2$ etwas größer als eine von den $van$ $der$ $Waals$-Dimensionen von Pentacen aufgespannte Box (99,8 Å$^2$). Dies bestätigt, dass die Moleküle in der Monolage auf

## 5.1. Wachstum und Struktur von Pentacenfilmen auf Graphit

Grund ihrer epitaktischen Registrierung zum Graphitgitter nicht in der dichtesten Packung wachsen. Im STM-Bild wird dies durch die beschriebene charakteristische Reihenstruktur deutlich. In einer Tieftemperatur STM-Studie von Chen *et al.* wurde eine ähnliche molekulare Anordnung gezeigt, die aber zu einer Einheitszelle mit anderen Parametern (125,6 $\text{Å}^2$ pro Molekül) führte [236]. Es ist zu bemerken, dass die im Rahmen dieser Studie angegebenen Größen mittels eines intrinsischen Markers, in Form von Graphit in atomarer Auflösung der Kohlenstoffatome, gegekalibriert wurden und damit - im Gegensatz zu der von den Autoren angegebenen Standard-Piezo-Kalibrierung - als definierter angesehen werden können. Des Weiteren ist der von Chen *et al.* angegebene Winkel zwischen den Vektoren der Einheitszelle nicht in Einklang mit den gezeigten STM-Daten und damit als Indikator für ein Kalibrierungsproblem des Instruments zu werten.

Durch das Aufbringen weiterer Moleküle werden große Inseln mit einer Ausdehnung von mehereren Mikrometern erhalten. Sie zeichnen sich durch extrem großflächig glatte Terassen mit monomolekularen Stufen aus (vgl. 5.5). Die Daten der Röntgenbeugung zeigen diese wohl geordneten Molekül lagen, der kristallinen Siegristbulkphase zuzuordnen sind und in der Majorität präferenziell die (022)-Orientierung annehmen. In dicken Filmen (>100nm) werden dann weitere kristalline Orientierungen gefunden - wie auch bei Pentacen auf Au(111) [80] - die aber als nicht substratinduziert zu bewerten sind. Aus der NEXAFS-Signatur geht hervor, dass die Moleküle in allen gefundenen kristallinen Ebenen entlang ihrer Moleküllängsachse zwar leicht verkippt (28°– 32°) sind, aber in Bezug zum Substrat eine eher liegende Geomtrie einnehmen. Qualitativ ist diese Adsorptionsgeometrie schon aus den UPS-Daten von Fukagawa *et al.* [251] abgeleitet worden, wobei allerdings keine präzise Aussage über den Verkippungswinkel getätigt wurde. Insgesamt gesehen besteht in der molekularen Orientierung und der kristallinen Phasen eine große Ähnlichkeit zum Wachstum auf Au(111) und Ag(111) [80, 153] Ein großer Unterschied lässt sich allerdings im Grad der Entnetzung festmachen. Beim Wachstum auf Metallen ist dieses, mit Beginn der zweiten Lage auftauchende Phänomen in wesentlich ausgeprägterer Form zu beobachten. Auf den Metallen bilden sich auch bei geringen nominellen Schichtdicken rasch hohe Inseln aus, die im Vergleich zu denen auf Graphit durch kleinere Grundflächen gekennzeichnet sind. Es entsteht daher eine grundlegend andere Morphologie.

Der Schlüssel zum tieferen Verständnis des deutlich unterschiedlichen Wachstumsmechanismus ist daher in der detaillierten Analyse des anfänglichen Multilagenwachstums zu suchen. Durch eine geschickte Kombination der Daten aus STM, XRD und NEXAFS konnte gezeigt werden, dass die erste Monolage von den darauffolgenden angehoben wird. Im (Sub)-Monolagenbereich wird aus den STM-Daten eine effektive Schichdicke von 2,2 Å (vgl. Abb. 5.2 c) erhalten, die guter Übereinstimmung mit der aus den DFT-Rechnungen erhaltenen *van der Waals*-Dicke von 2,2 Å ist. In dickeren Filmen setzt sich diese Geometrie nicht in einer echten Schicht-Stapel-Struktur fort, wie man es beispielsweise für PTCDA auf Ag(111) [252] findet, sondern bildet

118    Kapitel 5. Ergebnisse zum Wachstum organischer Filme auf Graphit

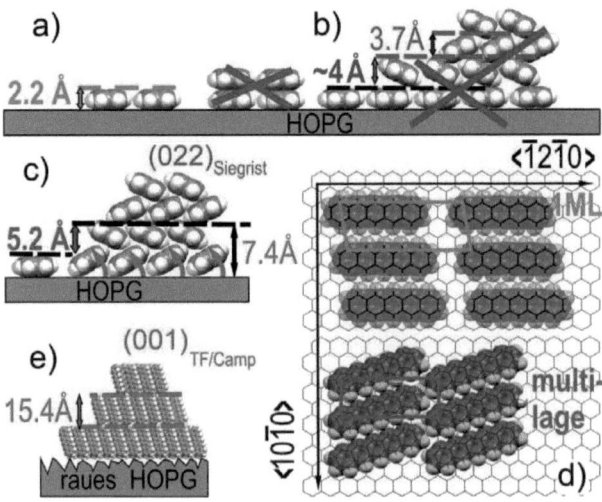

**Abb. 5.10:**
Zusammenfassung der möglichen Filmstrukturen des Wachstums von Pentacen auf Graphit. (a) zeigte die planare adsorptionsgeometrie der ersten Monolage. In (b) ist neben der hypothetische Fortsetzung einer echten Schicht-Stapel-Struktur die Formierung eines (022)-orientierten Films auf einer planar adsorbierte und in (c) einer angehebelten ersten Monolage dargestellt. In (d) sind die lateralen Überstrukturen einer Mono- und einer Multilage auf einer perfekten HOPG-Oberfläche dargestellt. Teilbild (e) zeigt im Vergleich dazu das Wachstum auf einer rauen Oberfläche in der charakteristischen (001)-Dünnfilmphase.

Inseln der Siegristphase aus. Aus der bevorzugten (022)-Orientierung ergibt sich ein Interlagenabstand von $d_{(022)}=3{,}7$ Å, der komplementär mit einer Verkippung der Moleküle zum Substrat ist. Nutzt man diese Information aus den XRD-Daten nun zu Kreuzkalibrierung des aus STM-Daten erhaltenen Höhenverteilungsprofils (vgl. Abb. 5.9 f), so wird zwischen der ersten Monolage (Bereich $\beta$ in Abb. 5.9 a) und der zweiten Lage des Bulks eine Höhendifferenz von 5,3 Å erhalten (vgl. Abb. 5.9 e). Setzt man diesen Wert nun in Relation zu möglichen Packungsmotiven der Molekülinseln, wie in Abbildung 5.10 b-c) geschehen, ergibt sich die Schlussfolgerung, dass auch unter den kristallinen Inseln die erste Monolage in verkippter Orientierung vorliegt. Die zu erhaltene Schichtdicke von $2\times 3{,}7$ Å- 2,2 Å$= 5{,}2$ Å passt dabei in hervorragender Weise mit zu Erwartenden überein. Des Weiteren wird die These mit Hilfe der aus den NEAFS-Daten für dünnere Multilagenfilme erhaltenen mittleren Verkippungswinkeln untermauert. Es ist weiterhin zu bemerken, dass die laterale molekulare Packungsdichte der Monolage im Vegleich zur (022)-Ebene wesentlich kleiner ist. Der Flächenvergleich der Einheitszellen - 110,1 Å$^2$ für die erste Monolage vs. 93,2 Å$^2$

## 5.1. Wachstum und Struktur von Pentacenfilmen auf Graphit

die (022)-Phase - zeigt, dass ein Übergang nur durch die Verkippung der Moleküle stattfinden kann.

Bei der Betrachtung der großflächigen molekularen Inseln fällt ein weiterer wichtiger Aspekt ins Auge. Die nadelförmigen Inseln scheinen nicht in einer isotropen Verteilung zu wachsen, sondern es zeichnen sich vielmehr azimutale Vorzugsrichtungen ab, die sich mit Hilfe der in 5.1.6 ausgeführten Argumentationskette in eine Beziehung zum Substrat setzen lassen. Dabei liefert die detaillierte Analyse eine epitaktische Orientierung der Molekülkopfseiten entlang der $\langle 10\bar{1}0 \rangle$ Substratazimutrichtung (vgl. Abb. 5.9 d) die formal mit einer $\left(\begin{smallmatrix} 6 & 0 \\ -1,5 & 3 \end{smallmatrix}\right)$ Überstruktur beschrieben werden kann. Die Filmstruktur kann damit als durch eine Kommensurabilität höherer Ordnung zum Substrat stabilisiert, beschrieben werden. Beim Übergang von der Mono- zur (022)-orientierten Multilage wird eine um 33% höhere laterale Packungsdichte erzielt. Unter der Berücksichtigung der Masseerhaltung ist es daher nicht verwunderlich, dass auf Grund der lateralen Verdichtung hohe Inseln neben tiefen Gräben entstehen. Diese Auswertungsmethode ist natürlich, auf Grund der isotropen Verteilung der azimutalrichtungen im HOPG (vgl. Abb. 5.5 e), auf einzelnen Graphitkörner begrenzt und damit nicht auf makroskopischer Skala beliebig ausdehnbar. Es sei bemerkt, dass die in einer früheren Studie von Athracen auf HOPG [232] angegebene, über großflächige SEM-Bilder bestimmte, (001)-Vorzugsorientierung als Zufallsprodukt zu bewerten ist. Unter dem Gesichtspunkt, dass die Moleküle eine aufrechte Orientierung einnehmen und damit keinerlei epitaktische Relation zum Substrat einnehmen, entbehrt diese Theorie auch jeglicher Grundlage.

Die durchgeführte Analyse belegt damit auch deutlich, wie wichtig die schwache Substrat-Molekülwechselwirkung für ein epitaktisches Wachstum ist. Das Molekül muss eben gerade genug von ihr Spüren, um im Gitter einzurasten und dabei trotzdem gerade so flexibel bleiben, um in die bevorzugte bulkkristalline Phase reorientiert werden zu können. Es gilt dabei die Fehlordnung zwischen vororientierten Moleküle und der Kristallphase unter geringstmöglichem Stress auszugleichen. Ein ähnliches Verhalten wurde bei Tetracenmolekülen auf Ag(111) [253] beobachtet, wo die Moleküle der zweiten Lage ebenfalls im Stande sind, die der ersten anzuhebeln. Im Gegesatz dazu ist bei dem nächst größeren Acen die Adsorptionsenergie auf Silber derart groß, dass ein Anheben der Pentacenmoleküle an der Grenzfläche unmöglich wird und die Moleküle der ersten Monolage in ihrer flachenliegenden Adsortionsgeometrie liegen bleiben und in Folge dessen die beschriebene ausgeprägte Entnetzung stattfindet. [108] Dies akzentuiert die Wichtigkeit der Balance zwischen Adsorptionsenergie und Sublimationsenthalpie des molekularen Materials zusätzlich.

Des Weiteren konnte herrausgestellt werden, dass sowohl die molekulare Orientierung als auch die kristalline Phase der Pentacenfilme in hohem Grad von der Substratrauhigkeit abhängt. Auf defektreichen Bereichen - die Beispielsweise durch schlechtes Spalten enstanden sind -, an Korngrenzen oder auf Stellen, die auf mikroskopischer Skala rau sind, wachsen die Pentacenmoleküle in einer aufrechten Orientierung. Dieser Aspekt wurde durch Messungen an Filmen auf Graphitsubstraten, die nach sorfälltigem Spalten im UHV aufgerauten wurden, mittels AFM, XRD und NEXAFS charakterisiert. Aus den Daten der Röntgenbeugung geht dabei hervor, dass die auf gesputtertem Graphit gewachsenen Filme zunächst in der (001)-orientierten Dünnfilmphase wachsen und in dickeren Filmen in die *Campbell* Bulk-Phase übergehen. Diese Wachstumsszenario von Pentacenfilmen wird auf vielen nicht, respektive schwach, wechselwirkenden Substraten, wie $SiO_2$ [99, 100], $Al_2O_3$ [254] oder auf Selbstassemblierenden Monlagen von Thiolen [80] oder Silanen [247] erhalten. In diesen Fällen dominiert die internmolekulare Wechselwirkung zwischen den Pentacenmolekülen den Wachstumsprozess und es wird die thermodynamisch, für Filme stabilste (001)-Orientierung, eingenommen [246].

Die Tatsache, dass, trotzdem die Adsorptionsenergie von Pentacen auf Graphit kleiner ist als die molekulare Bulksublimationsenthalphie, dennoch ein kristalliner, (022)-orientierter Film erhalten wird, rückt noch einen weiteren Aspekt des epitaktischen Wachstums in den Fokus. Im Gegensatz zu den oben erwähnten inert Substraten, ermöglich die Graphitoberfläche eine epitaktische Anordnung der Moleküle der ersten Monolage und verhindert damit ein spontanes Aufstehen der Moleküle in die thermodynamisch günstigere Konfiguration. Diese zusätzliche Stabilisation durch die Registrierung findet auf der gesputterten Oberfläche nicht statt, wodurch die Moleküle in der aufrechten Geometrie wachsen. Die Epitaxie hängt also neben der Wechselwirkung, auch in hohem Maße von der Registrierung und damit von dem Vorhandensein eines geeigneten Templatgitters, ab.

Letzendlich bleibt noch zu bemerken, dass die gefundene aufrecht orientierten Pentacenmolekülfilme auch schon in früheren Arbeiten von Chen *et al.* [236] und Parisse *et al.* [255] gefunden wurden und fälschlicherweise als reines Multilagenwachstum identifiziert wurden. Basierend auf dieser detaillierten Wachstumstudie kann ausgeschlossen werden, dass es sich bei diesem Strukturmotiv um das für Pentacen auf Graphit charakteristische handelt, sondern um das Wachstum auf defektreichen Oberflächenbereichen handelt. Die Wichtigkeit des Einsatzes von komplementären Techniken - anstellen von lokalen mikroskopischen Methoden - für eine tiefgreifende Charakterisierung eines Systems aus organischem Molekül und Substrat, wird anhand dieser Studie in deutlicher Weise belegt.

## 5.1.8 Zusammenfassung: PEN auf HOPG

Im Rahmen dieser Studie wurde Mikrostruktur von Pentacenfilmen auf Graphit analysiert und ein epitaktisches Wachstum in der (022)-Siegristphase herrausgestellt. Basierend auf der mikroskopischen Strukturanalyse konnten einige Schlüsselfaktoren für das grundlegende Verständnis des Filmwachstums verdeutlicht werden. Zunächst adsorbieren die Moleküle mit ihrem aromatischen Ringsystem planparallel auf der Graphitoberfläche und nehmen dabei diskrete Positionen auf dem Substratgitter ein. Die

## 5.1. Wachstum und Struktur von Pentacenfilmen auf Graphit

kommensurate Überstruktur wird dabei nicht wie in einer dichtesten Packung von der Molekülinteraktion stabilisiert, sondern durch die diskrete Registrierung des Kohlenstoffrückgrats von Molekül und Substrat begünstigte (einrasten der Moleküle im atomaren Gitter des Substrates). In dickeren Schichten wird das epitaktische Wachstum dann durch die schwache Molekül-Substratwechselwirkung begünstigt. Die im Gegesatz zum Wachstum auf Metallen nicht chemisorbierte ersten Monolage kann von der zweiten Lage angehebelt werden und damit Teil der bulkkristallinen Phase werden. Auf Grund der schwache Adsorptionsenergie ist diese Umordnung an der Grenzfläche unter geringstmöglichem Stress möglich. Höchstwahrscheinlich wird die dafür notwendige Aktivierungsenergie aus dem Zugewinn an Gitterenergie in der vergleichsweise dichteren Packung der (022)-Ebenen und der energetisch stabilisierten epitaktischen Relation der Multilage zum Substratgitter bezogen. Im Gegensatz dazu sind die chemisorbierten, dicht gepackten Moleküle der Monolage auf Metallen nicht in der Lage, ihre Vorzugsorientierung in das Multilagenwachstum zu adaptieren. Auf Grund des großen Gitterfehlanpassung resultiert daher eine autarke Monolage, auf der durch starke Entnetzung gekennzeichnete Inseln wachsen. Des Weiteren konnte gezeigt werden, dass die resultierende Filmstruktur von Pentacen auf Graphit in empfindlicher Weise von der Rauhigkeit des Substrates abhängt. So unterscheidet sich das Morphologie auf gesputtertem (defektreichem) HOPG insofern, als dass keine lokal geordneten Monolagenfilme ausgebildet werden können und daraufhin von den Molekülen die energetisch günstigere aufrecht stehende Geometrie eingenommen wird. Der für das epitaktische Wachstum der Multilagen notwendige Templateffekt wird damit ausgeschaltet, wodurch sich die Morphologie der Filme mit der auf anderen inerten Substraten (wie bspw. $SiO_2$, $Al_2O_3$) vergleichen lässt. Dies verdeutlicht nochmals die Wichtigkeit der Substratbeschaffenheit beim templatgesteuerten Wachstum molekularer Filme.

## 5.2 Morphologie von Multilagenfilmen PF-PEN und PEN-Tetron auf Graphit

Im weiteren Verlauf wurde auch die Morphologie dünner abgeschiedener Filme der perfluorierten Spezies (PF-PEN) und der Oxospezies PEN-Tetron auf Graphit anhand von *tapping mode* AFM-Aufnahmen, und im Fall von PF-PEN mit Hilfe von *ex situ*-STM und Röntgenbeugungsdaten, charakterisiert werden. Anschließend soll unter Berücksichtigung der Erkenntnisse aus der Literatur und Teilen dieser Arbeit - zum Wachstum der Moleküle auf anderen Substratklassen - sowie den im vorhergehenden Kapitel beschriebenen Ergebnissen zum Wachstum von PEN auf HOPG, eine Einordnung der Ergebnisse sowie deren Aussagekraft getätigt werden.

### 5.2.1 PF-PEN auf HOPG

Für die Charakterisierung der Morphologie von PF-PEN-Filmen auf HOPG wurde in Abb. 5.11 a-b) ein nominell 8 nm dicker Film auf eine zuvor frisch gespaltenen Graphitoberfläche aufgedampft. Nach der Deposition bei Raumtemperatur im UHV werden im *ex situ* AFM-Phasenbild nadelförmige Inseln mit großen molekular glatten Plateaus erhalten. Zur Verdeutlichung der in Teilbild (a) nur schwach sichtbaren Substratstufenkanten, ist in Teilbild 5.11 b) nun ein im Kontrastverhälnis auf den Untergrund abgestimmtes, vergrößertes Phasenbild eines Teilausschnittes gezeigt. Es fällt auf, dass die Kanten der Inseln eine ganz offensichtliche Vorzugsorientierung entlang der Substratstufenkanten aufweisen. Dieses Phänomen wird konsistent auf den allermeisten Bereichen der Proben gefunden und ist damit nicht einer lokalen Ordnung zuzuweisen. Aus *Linescan* I (in dem Graph von Teilabbildung 5.11 d) geht nun eine Höhe der plateauartigen Insel von bis zu 26 nm hervor. Dies lässt auf eine Entnetzung schließen, die aber - unter Berücksichtigung der nominellen Schichtdicke von 8 nm - im Vergleich zu den Beobachtungen, beispielsweise auf $TiO_2(110)$, als sehr moderat zu beschreiben ist. Des Weiteren fällt auf, dass - wie schon beim Wachstum von PEN-Filmen auf HOPG beobachtet - sich zwischen den „hohen" Inseln sehr flache, molekular glatte Bereiche gebildet haben, die auf Grund ihrer Morphologie und Struktur als nicht reines Substrat zu beschreiben sind (vgl. weiß gestricheltes Oval in Abb. 5.11 d). So findet sich auf diesen Bereichen in Teilen auch eine raue Topographie, die in dieser Art auf reinem Graphit nicht beobachtet wird. Es ist daher davon auszugehen, dass es sich, wie schon beim PEN beschrieben, um monomolekulare Inseln handelt. Dies ließ sich mit durchgeführten *Linescans* nur schwer belegen, da der Unterschied zwischen einer Monostufe ($c/2 = 3{,}35$ Å) im Graphit und der *van der Waals*-Dicke eines PF-PEN Moleküls (2,8 Å aus Ref. [156]) derart gering ist, dass er im Rahmen der Messungenauigkeit liegt. Im Folgenden sind daher STM Messungen *ex situ* an einem 1 nm dicken Film durchgeführt worden, um das Problem von sehr „hohen" Inseln mit entsprechend großem Widerstand zu verhindern. Dabei werden, wie im Beispiel von Teilbild 5.11 c) gezeigt, ebenfalls nadelförmige Inseln erhalten, in denen es die STM-Daten nun erlauben, geringe Stufenhöhenunterschiede präziser zu bestimmen. Aus *Linescan* II wird dabei nun eine Stufenhöhe von 7 ± 0,5 Å am Rande einer 9 nm hohen Insel erhalten. Mit Blick auf die *van der Waals*-Länge der Moleküle von 17 Å ergibt sich daraus, dass es sich nicht um eine aufrecht stehende Phase in der ersten Lage handeln kann, sondern um eine Doppelstufe einer planaren Adsorptionsgeometrie. Die Aufnahmen sind dabei an einem außerhalb des UHV arbeitenden STM entstanden, wobei ist es nicht - wie beim Wachstum von PEN - gelungen ist, Filme der ersten Monolage molekular aufzulösen.

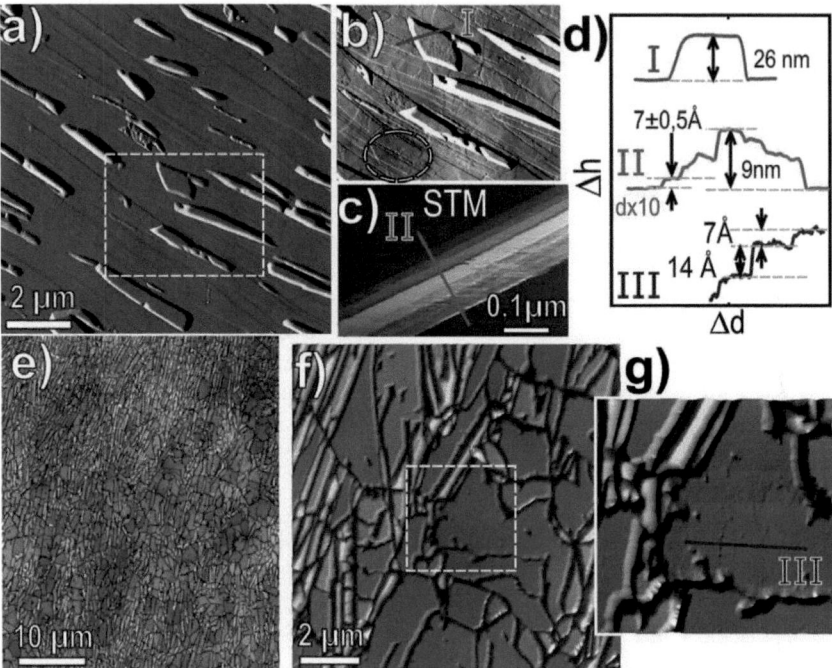

**Abb. 5.11:** Die Abbildungen a-b) sowie e-f) zeigen *tapping mode* AFM-Aufnahmen von PF-PEN Multilagenfilmen, präpariert bei RT auf Graphitoberflächen. In den Teilbildern a-b) ist die Morphologie eines nominell 8 nm dicken Filmes in AFM-Phasenbildern charakterisiert sowie in c ein 1 nm dicker Film mittels eines STM-Scans charakterisiert. In e-f) ist in topographischen AFM-Aufnahmen die Morphologie eines nominell 30 nm dicken Filmes abgebildet. Aus den *Linescans* I-III gehen die Höhen der Moleküllnseln sowie deren Terrassenstufen hervor.

Bei weiterer Deposition von PF-PEN wird nun die in den Teilbildern 5.11 e-f) ge-

## 5.2. Morphologie von Multilagenfilmen PF-PEN und PEN-Tetron auf Graphit

zeigte Morphologie erhalten. Der Übersichtsscan der topographischen *tapping mode*-AFM-Aufnahme einer nominell 30 nm dicken Schicht in (e) zeigt dabei die Morphologie einer äußerst homogen bedeckten Oberfläche. Neben der Tatsache, einen nominell derart „dicken" Film über einen Scanbereich von $100 \times 100$ $\mu m^2$ überhaupt abbilden zu können, fällt auf, dass sich die untergründige Welligkeit (mesoskopische Rauhigkeit) des Substrates mittels der zur Verfügung stehen Farbscala noch darstellen lässt. Dies alles unterstreicht die außergewönliche Homogenität des Filmes. Bei genauerer Betrachtung des Filmes im vergrößerten Ausschnitt in 5.11 f) wird nun ein ähnliches Muster, wie schon in a-b) beobachtet, zwischen den Inseln deutlich. Es spricht daher Vieles für eine Fortsetzung des anfängliche Wachstums ohne eine zusätzlich stattfindende Entnetzung. Der Kantenverlauf zwischen den Inseln erinnert dabei in großer Übereinstimmung an der Verlauf der Substratstufen. In Teilbild 5.11 g) ist nun ein zusätzlicher Scan auf einer über mehrere Mikrometer ausgedehnten Insel durchgeführt worden. Aus *Linescan* III geht dabei hervor, dass auch hierbei wiederum Terrassenstufen einer Höhe, die geringer ist als die *van der Waals*-Länge der Moleküle, gefunden werden. Dies kann als Indiz für die Fortsetzung des anfänglichen Wachstums einer planaren Phase gewertet werden. Um diese Vermutung einer planaren Adsorptiongeo-

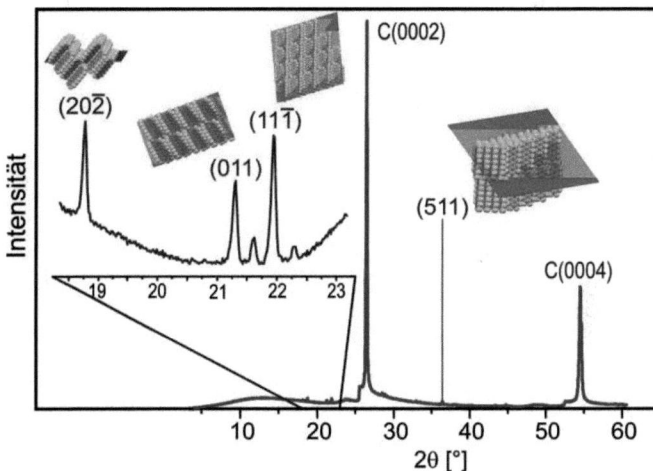

**Abb. 5.12:** XRD $\theta/2\theta$ Scan an einem nominell 30 nm dicken PF-PEN-Film auf HOPG.

metrie nun zu untermauern, wurden Röntgenbeugungsdaten an einem nominell 30 nm dicken PF-PEN-Film - aufgebracht bei RT auf eine frisch gespaltene Oberfläche - aufgenommen. Aus den $\theta/2\theta$ Scans zeigt sich in Majorität eine Evidenz für eine planare Phase [(011) und (11$\bar{1}$)], die aber auf Grund des intensiven Untergrundsignals des Substrates nur in Form von schwachen Signalen sichtbar ist (vgl. dazu die illustrierten

126     Kapitel 5. Ergebnisse zum Wachstum organischer Filme auf Graphit

Ebenen in Abb. 5.12). Im Unterschied dazu geht aus unveröffentlichten Beugungsdaten von Salzmann *et al.* [256] hervor, dass es sich um den bereits auf der Ag(111) Oberfläche beobachteten Polymorphismus von im *Herringbone*-Muster angeordneten Molekülen handelt. Auf Grund der zu erwartenden deutlich unterschiedlichen Molekül-Substratwechselwirkung (HOPG vs. Ag) scheint die Bildung der gleichen Phase eher unwahrscheinlich. Die hier vorgestellten Ergebnisse stehen zunächst im Widerspruch zu denen von Salzmann *et al.* und sind daher durch weitere Messungen zu verifizieren.

## 5.2.2 PEN-Tetron auf HOPG

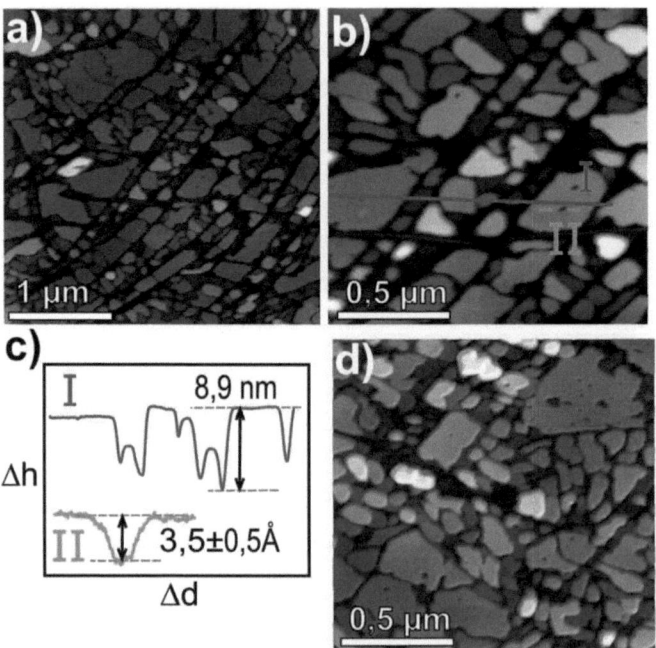

**Abb. 5.13:** *Tapping mode* AFM-Aufnahmen eines PEN-Tetronfilmes einer Schichtdicke von nominell 25 nm. Teilbild a) zeigt einen Übersichtsscan. In b) ist ein Teilbereich in vergrößerter Weise abgebildet. Die *Linescans* in c) verdeutlichen die Homogenität der Inseln (I) sowie das Vorhandensein von monomolekularen Stufen (II). In c) wurde ein nominell 20 nm dicker Film nach dem Bedampfen bei RT für 36 h bei 330 K im UHV geheizt und anschließend mittels AFM auf eine Veränderung in seiner Morphologie untersucht.

Im Folgenden soll das Verhalten von PEN-Tetron auf dem schwach wechselwirkende Substrat mit der in guter Näherung zum Kohlenstoffrückgrat des Moleküls passenden atomaren Korrugation untersucht werden. Dazu wurde ein nominell 25 nm dicker Film auf eine frisch gespaltene Graphitoberfläche bei Raumtemperatur aufgedampft und anschließend *ex situ* mittels AFM im *tapping mode* vermessen. Die erhaltene Topographie zeigt in Abb. 5.13 a), wie schon beim Wachstum von PEN und PF-PEN auf Graphit einen homogenen Film, der eine Entnetzung aufweist. Im Vergleich zum Wachstum auf der Cu(221) sowie der $TiO_2$(110) Oberfläche ist diese als schwach zu beschreiben. Analog zum Wachstum der beiden anderen untersuchten Polyacenspezies ist eine Orientierung der Inselkanten entlang der zu vermutenden Substratstufen zu beobachten. Im Vergleich zum Wachstum von PF-PEN fällt aber auf, dass die Ausdehnung der Inseln wesentlich geringer ausfällt. So sind beim Wachstum von PF-PEN-Inseln mit einer Ausdehnung von einigen Mikrometern zu beobachten, während die Morphologie von PEN-Tetron keine Inseln mit einer Ausdehnung $\geq$0,5 $\mu m$ aufweist. Es ist zu vermuten, dass dies auf die Güte des Substrates zurückzuführen ist und aus deren Defektstufen resultiert. Teilbild 5.13 b) zeigt einen vergrößerten Ausschnitt von a), in dem die molekular glatte Oberfläche der Inseln deutlich wird. Aus *Linescan* I zeigt sich, dass die glatten Inseln durch Gräben von einigen Nanometern Tiefe getrennt sind.

Der *Linescan* II über einen Defekt auf einer Insel ergibt eine Höhendifferenz von 3,5 $\pm$ 0,5 Å. In Anbetracht der in Abb. 2.10 illustrierten *van der Waals*-Dimensionen lässt sich daraus - wie schon bei den anderen beiden Spezies - auf eine Orientierung der kristallinen Phase mit relativ zum Substrat liegenden Molekülen schließen. Es ist daher von monomolekularen Stufen auf den Plateaus der Inseln auszugehen. Um nun die Möglichkeit einer nachträglichen thermisch induzierten Erhöhung der Homogenität der Filmmorphologie zu überprüfen, ist die in Abb. 5.13 d) gezeigte Probe einer bei Raumtemperatur präparierte PEN-Tetronschicht für 36 h im UHV bei 330 K getempert worden. Es zeigt sich dabei im Vergleich zu den nicht getemperten Filmen keinerlei offensichtliche Veränderung der Topographie. Es werden vergleichbare Inseln mit einer ähnlich Ausdehnung ihrer Plateaus erhalten.

## 5.3 Diskussion zum Wachstum von PF-PEN und PEN-Tetron auf Graphit

Im Unterschied zu der im vorherigen Abschnitt 5.1 beschriebenen umfassenden Multitechnikstudie sollte im Rahmen dieser Studie zum Wachstum der Pentacenspezies Perfluoropentacen und Pentacentetron auf Graphit eine Charakterisierung anhand von exemplarischen AFM-Messungen durchgeführt werden. Dabei erlaubt die ausführliche Betrachtung und Vermessung der Morphologie sowie der Vergleich zu erhaltenen Morphologien der selben Moleküle auf anderen Substraten Rückschlüsse auf vorliegende Wachstumsphasen. Bei der Betrachtung der Morphologie fallen dabei zunächst eine

Reihe von Parallelen zum Wachstum von Pentacen auf HOPG auf. Wie schon bei PEN wurden für beide Spezies eine moderate Entnetzung mit langreichweitig molekular glatten Terrassen erhalten. Dabei scheint deren Ausdehnung allein von der Größe der Graphitsheets abzuhängen, deren Stufenkanten auf gut geordnetem Graphit, offensichtlich nicht überwachsen werden können. Es sei daran erinnert, dass auf angesputtertem Graphit - mikroskopisch raue Oberfläche - für PEN ein derartiges Überwachsen von Fehlstufenkanten beobachtet wurde, die Wachtumsphase dabei aber eindeutig einer aufrechten Phase zugeordnet werden konnte (vgl. Abb. 5.6 a). Vergleicht man nun die Form der Inseln von PF-PEN auf HOPG mit denen von PF-PEN auf $SiO_2$ - wobei bekannt ist, dass es sich um eine aufrechte Phase handelt [158] - fallen deutliche Unterschiede auf. So werden plateauartige Inseln erhalten, die nicht durch die bei Wachstum auf $SiO_2$ beobachtete Anhäufung an Terrassenstufen ausgezeichnet sind (vgl. dazu auch das beobachtete Wachstum von PF-PEN auf $TiO_2(110)$ Abb. 4.10). Eine weitere Evidenz für eine planare Adsorptionsgeomtrie im PF-PEN Molekkülkristallfilmen auf Graphit liefert die Vermessung der Stufen auf den Plateaus der molekular glatten Inseln. Dabei werden Höhenunterschiede erhalten, die deutlich geringer sind als die *van der Waals*-Länge des Moleküls. Dies steht im Einklang mit unveröffentlichten Daten von Salzmann *et al.* die aus XRD-Messungen, ebenso in wie in dieser Arbeit gezeigt, unter anderem ein *Herringbone* Packungsmotiv eines neuen Polymorphismus erhalten. Es ist daher anzunehmen, dass die planare Adsorption ebenso auf die gute Passung des Kohlenstoffrückgrats mit dem Kristallgitter des Graphits zurückzuführen ist und eine epitaktische Relation erhalten wird.

Für das Wachstum von PEN-Tetron sind die Unterschiede der Inselformen zwischen liegender Phase (010) und stehender Phase (001) nicht so deutlich wie bei PEN und PF-PEN, weshalb sich aus der alleinigen Betrachtung der Morphologie nur schwer auf eine erhaltene Kristallphase schließen lässt (vgl. dazu die Form der Inseln einer vermuteten liegenden Phase auf Cu(221) Abb. 3.6) mit denen einer vermuteten aufrechten Phase auf $TiO_2(110)$ in Abb. 4.11) in beiden Fällen werden plateuaartige Inseln erhalten). Im Vergleich zu den Morphologien der anderen beiden Spezies auf Graphit lassen sich allerdings einige Gemeinsamkeiten erkennen. So werden auch im Falle von PEN-Tetron offenbar keine Stufenkanten überwachsen, wodurch die Ausdehnung der Molekülfilminseln von der Substratbeschaffenheit begrenzt wird. Setzt man dies nun in Relation zu der auf $TiO_2(110)$ beobachteten Morphologie der vermuteten aufrechten (001) Phase, in der ein deutliches Überwachsen der Substratfehlstufen beobachtet wurde, so kann dies im Kontext der oben erwähnten vermuteten Zusammenhänge zwischen relativer Orientierung der Kristallphase und der Möglichkeit Stufen im Substrat zu überwachsen, als Indiz für eine liegende Phase gewertet werden. Dies lässt sich dann auch mit den ermittelten Stufenhöhen in Einklang bringen, die im Rahmen der Messungenauigkeit mit der *van der Waals*-Dicke der Moleküle übereinstimmen.

# Kapitel 6

# Zusammenfassung

Im Rahmen dieser Arbeit wurde das Wachstum von Pentacen, Perfluoropentacen und Pentacentetron auf einkristallinen Substraten unterschiedlicher Wechselwirkungseigenschaften und Orientierungen charakterisiert. Im Folgenden sollen die wesentlichen Erkenntnisse zusammengefasst und Verhaltenstendenzen der Wachstumsmechanismen der Moleküle auf den Substratklassen der Metalle, Metalloxide und Graphit aufgezeigt werden.

Für das Wachstum auf metallischen Oberflächen konnte aus der starken Molekül-Substrat-Wechselwirkung der ersten Monolagen eine generelle Tendenz der PEN-Derivate zur Chemisorption in einer diskreten, planaren Adsorptionsregistrierung relativ zum Substratgitter aufgezeigt werden. Erfolgreiche Versuche, diese Monolagenepitaxie nun in Multilagenfilmen fortzusetzen, konnten im Rahmen der durchgeführten Studien mit unterschiedlichen Ansätzen nicht nachgewiesen werden. Mit wenigen Ausnahmen, in denen eine schwache azimutale Ausrichtung von PEN-Multilageninseln auf rekonstruiertem Au(110)-(1×2) [84–86, 190] erreicht wird sowie für dünne Multilagenfilme bis zu einer Schichtdicke von < 2 nm auf Cu(110) [110], scheint dies - in Einklang mit der momentan verfügbaren Literatur zum Wachstum von PEN-Multilagen auf Metallen - ebenfalls eine generelle Tendenz zu sein. Es ist zu bemerken, dass sich PEN beispielsweise im Vergleich zu den Paraphenylen auf Cu(110)-(2×1)O [257] wesentlich schlechter in kristallinen Multilagenfilmen auf metallischen Oberflächen ausrichten lässt. Dabei ist zu vermuten, dass aus der starken Chemisorption der ersten Monolage, deren planare Adsorptionsgeometrie sich in keinem Packungsmotiv des Bulkkristalls wiederfindet, ein Übergewicht der intermolekulare Wechselwirkung resultiert. Dieses bewirkt in den darauffolgenden Lagen zunächst eine rasche Entnetzung - je nach Substrat-Molekülkombination mit Beginn der zweiten, dritten oder darauffolgenden Lage - in der auf Grund der Fehlpassung zwischen substratgebundener Schicht und Volumenkristall sowie der Unbeweglichkeit hervorgerufen durch die Chemisorption keine epitaktische Relation mehr besteht(vgl. Abb. 6.1 a-b). Es ist zu bemerken, dass in vielen Fällen zumindest die Orientierung der darauffolgenden Wachstumsphase nicht - wie im Fall von PEN/Cu(221) - zwangsläufig die thermodynamisch günstigste (senkrecht zum Substrat orientierte Moleküle) ist, sondern in eine substratinduzierte Vorzugsorientierung vermittelt wird (vgl. Orientierung der Multilagenfilme PF-PEN/Ag(111) vs. PF-PEN/TiO$_2$ Abb. 6.1 a+c).

Weiterhin konnte gezeigt werden, dass sich aus nicht vorhandenen Epitaxie zwischen Mono- und Multilage keine völlig isotrope Verteilung der Molekülkristallfilme auf den metallischen Oberfläche ergeben muss. Für das Wachstum von PF-PEN auf Ag(111) konnte gezeigt werden, dass eine thermisch induzierte azimutale Ausrichtung von nadelförmigen, kristallinen Inseln entlang der Substratstufenkanten unter der Bereitstellung von großen Diffusionslängen - über langreichweitig atomar glatte Terrassen - möglich ist. Im Unterschied zu dem auf Graphit gezeigten Wachstum ist dabei aber nicht von einer durchgängigen Epitaxie zu sprechen, sondern von einer Stufendekoration der Entnetzungsinseln. Es ist zu bemerken, dass dieses bereits in den 1950er Jahren an 1,4-Dihydroxyanthrachinon ebenfalls auf Ag(111)/*Mica*-Substraten [112] beobachtete Phänomen der Stufenkantendekoration in dieser Studie nur im Rahmen einer zweistufigen Präparation funktionierte und damit eine nicht vorhandene epitaktische Relation zwischen Adsorptionsgeomtrie der Benetzungslage und Kristallstruktur der Inseln zu vermuten ist. Trotzdem ist davon auszugehen, dass sowohl die Orientierung als auch die Wachstumsphase (Polymorphismus im *Herringbone* Motiv) substratvermittelt sind, da bei völliger Wechselwirkungsfreiheit eine Wachstumsphase mit Molekülen in aufrechter Orientierung im bekannten Packungsmotiv [157, 258] zu erwarten ist.

Im weiteren Verlauf sollte der Einfluss des Gitters eines nahezu inerten Substrates, das im Gegensatz zu dem bekannten bereits in vielen Wachstumstudien untersuchten nahezu inerten polykristallinen SiO$_2$ [40, 99, 161] eine einkristalline anisotrope Oberfläche zur Verfügung stellt, auf das Multilagenwachstum untersucht werden. Dafür wurde zunächst eine neuartige „schnelle" zweistufige Präparationsmethode für Metalloxidoberflächen herausgearbeitet und anschließend an den Beispielen von TiO$_2$(110) sowie diversen ZnO-Oberfläche in ihrer Güte charakterisiert. Auf Grund der großen Zeitsersparnis der Methode war es daraufhin möglich eine umfassende Morphologiestudie mittels *ex situ* AFM-Messungen an besonders definierten TiO$_2$(110) Oberflächen durchzuführen.

Dabei wird für PEN und PF-PEN im anfänglichen Wachstumsstadium eine in weiten Teilen zunächst planare Adsorptionsgeometrie der Moleküle in einem auf mikroskopischer Skala rauen, inhomogenen Film (vermutlich polykristalline Benetzungslage), neben Inseln der vom Wachstum auf SiO$_2$ bekannten Form - aufrechte Orientierung einer einkristallinen Wachstumsphase [161] - erhalten (vgl. Abb. 6.1 c). Es ist zu vermuten, dass das strukturelle *Mismatch* zwischen Substratgitter und Moleküldimensionen die Ausbildung eines geordneten Monolage verhindert. Das Wachstum in dickeren Filmen setzt sich analog dazu wie auf SiO$_2$ beschrieben fort und lässt dabei keinerlei azimutale Ausrichtung entlang der Anisotropie des Substrates erkennen. Beim Wachstum von PEN-Tetron wird nun eine derartige erste Benetzungslage nicht beobachtet, sondern eine Entnetzung mit Beginn der ersten Lage in Form von nadelförmigen Kristalliten, die aber ebenfalls keinerlei azimutale Ausrichtung aufwei-

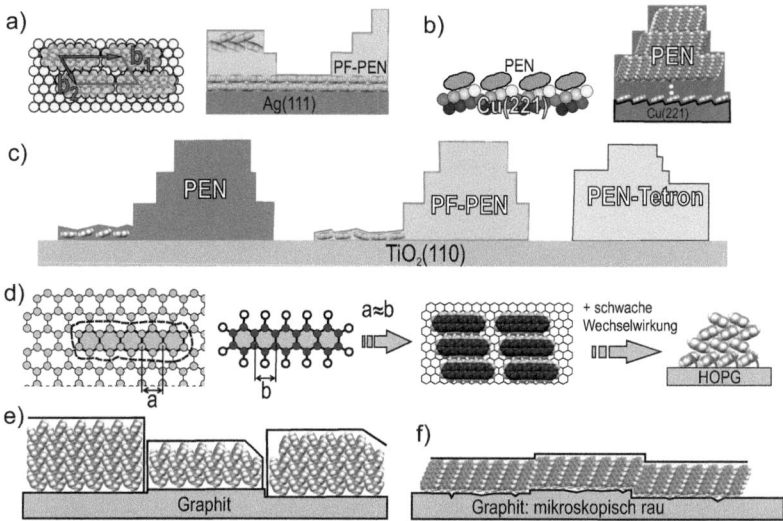

**Abb. 6.1:** Die Abbildung fasst die wesentlichen Ergebnisse der Arbeit in einer schematischen Illustration zusammen. Die Teilbilder a-b) skizzieren die Ausbildung der für das Wachstum auf Metallen typischen Benetzungslage, mit einer in der Regel epitaktische Relation zum Substrat. Bei größeren Depositionen folgt eine rasche Entnetzung. In c) ist die Morphologie der Molekülfilme der Pentacenderivate auf $TiO_2$(110) illustriert. Nach einer anfänglichen Benetzungslage in Form von planar adsorbierten Molekülen für PEN und PF-PEN erfolgt ein Umklappen hin zur thermodynamisch stabilen Orientierung mit aufrecht stehenden Molekülen. Für PEN-Tetron wird keine Benetzungslage beobachtet. Teilbildfolge d) unterstreicht die wichtigen Faktoren der gute Passung zwischen Molekülrückgrat und Substratgitter (a≈b) für die Epitaxie der ersten Lage sowie die Notwendigkeit einer schwachen Wechselwirkung für eine Fortsetzung der Epitaxie in Multilagenfilmen. In e) soll verdeutlicht werden das die Ausdehnung der Inseln allein von der Defektstufendichte des Substrates abhängt, da diese von den Molekülen in liegender Geometrie nicht überwachsen werdne können. Im Gegensatz dazu gelingt es auf mikroskopisch rauem Graphit den Molekülen in aufrechter Geometrie über Defektstufen hinweg geschlossene Inseln auszubilden (Teilbild f).

sen. Analog zu den anderen beiden PEN-Spezies muss die Wachtumsphase und ihre Orientierung im dicken Filmen als nicht substratinduziert beschrieben werden, da sich im Gegensatz zu den Beobachtungen auf einigen metallischen Oberflächen keine Korrelation dafür findet. Es ist zu bemerken, dass das atomare Rillenmuster der anisotropen (110)-Oberfläche nicht den gewünschten Templateffekt auf die Multilagenfilme ausübt. Konsistent dazu wird in hier nicht gezeigten Untersuchungen zum Wachstum von PEN auf ZnO-O eine vergleichbare Morphologie gefunden. Als Ursachen für die offensichtlich substratunabhängige Morphologie in dicken Filmen sind zunächst die schlechte Passung zwischen Moleküldimensionen und Gitterkonstanten des Substrates sowie die im Vergleich zur intermolekularen Wechselwirkung offenbar zu schwachen Molekül-Substrat-Wechselwirkungen zu nennen. Anders als beim Wachstum auf den Metallen wird in Multilagenfilmen für alle Derivate die thermodynamisch stabilste Orientierung der kristallinen Phase erhalten und keinerlei Vorzugsorientierung vermittelt.

Im Unterschied dazu liefert Graphit ein geradezu ideales Templat für Polyacene, da das Kohlenstoffrückgrat der Moleküle nahezu identische intramolekulare Abstände aufweisen, wie sie im atomaren Gitter der Oberfläche zu finden sind (vgl. Abb. 6.1 d). Auf der schwach wechselwirkenden Oberfläche konnte eine von der ersten bis hin zu Multilagen durchgehende epitaktische Relation für das Wachstum von PEN gezeigt werden. Analog zum Wachstum auf Metallen wird dabei zunächst eine planare Adsorptionsgeometrie in der ersten Monolage erhalten, die aber im Unterschied physisorbiert ist. Dies verhindert die Präparation von gesätigen Monolagen durch thermisch induzierte Desorption von Multilagenfilmen und resultiert aus der im im Vergleich zur intermolekularen Wechselwirkung schwächeren Molekül-Substrat-Wechselwirkung. Die Energiebilanz scheint dabei ein Anheben der Moleküle der ersten Lage durch Moleküle der zweiten- und den darauffolgenden Lagen zu begünstigen. Die diskrete Registrierung zum Substrat bleibt dabei erhalten und wird nicht durch ein Umklappen in eine aufrecht stehende Kristallphase zerstört. Durch das Anheben ergibt sich nun eine Anpassung der Adsorptionsgeometrie der Moleküle der ersten Monolage hin zum *Herringbone* Motiv des Volumenkristalls (vgl. Abb. 6.1 d). Weiterhin unterstrichen werden konnte die Wichtigkeit der Registrierung der ersten Lage durch die Deposition auf mikroskopisch rauem Graphit, bei dem eine aufrechte Phase mit Beginn der ersten Lage - ähnlich dem Wachstum auf $SiO_2$ - erhalten wird. Es ist zu bemerken, dass es in der aufrechten Geometrie deutliche Substratstufenüberwachsungen gibt, die auf dem intakten Substrat mit den Molekülen der liegenden Phase nicht beobachtet werden (vgl. Abb. 6.1 f). Wie sich in der morphologischen Studie zum Wachstum von PF-PEN und PEN-Tetron zeigt, lassen sich auf Grundlage der bisherigen Erkenntnisse viele Parallelen ziehen. Es wird eine vergleichbare Morphologie der Filme erhalten, die es erlaubt die Interpretation vom Wachstum auf PEN in vielen Teilen auch auf diese beiden Spezies zu übertragen. Die Ausdehung der Molekülinseln sowie die Rauigkeit des Gesamtfilms ist dabei unisono von der Güte des Substrates abhängig (vgl. Abb. 6.1 e).

Es ist zu schlussfolgern, dass das Wachstum von Molekülfilmen der vorgestellten Pentacenderivate in erheblichem Maße von den physikochemischen Eigenschaften und der Struktur - von mikro- bis makroskopisch - des Substrates abhängt. Als die beiden wichtigsten Kriterien einer substratinduzierten Templatierung des Wachstums sind eine gute Passung der Substratgitterkonstanten mit den intramolekularen Abständen sowie eine möglichst schwache Molekül-Substrat-Wechselwirkung zu nennen. Bei Erfüllung dieser beiden Kriterien lässt sich die Ausdehnung der epitaktischen Molekülkristallfilme thermisch induziert weiter vergrößern.

## 6.1 Ausblick

Wie bereits im einleitenden Teil beschrieben ist die vorliegenden Arbeit nicht als alleinstehend zu betrachten, sondern im Kontext der Literatur zu sehen und als Teil von ihr zu verstehen. Da sich an neue Erkenntnisse in der Wissenschaft meist neue Fragenstellungen anschließen, stehen auch am Ende dieser Arbeit eine Reihe von offenen Fragen zum Abschluss von Teilprojekten sowie eine Reihe von Ideen für neue Projekte. Im Folgenden sollen daher zunächst einige offene Fragen in vorgestellten Projekten sowie Ideen für zukünftige Projekte skizziert werden.

Es gilt zu klären, ob sich beim Wachstum von PEN und PF-PEN auf $TiO_2(110)$ eine geordnete erste Monolage ausbildet. Auf Grund von TDS-Messungen an Naphtalen auf $TiO_2(110)$ [259] - die einen von Multilagendesorptionspeak getrennten Monolagendesorptionspeak zeigen - ist zu vermuten, dass sich eine gesättigte Monolage mittels thermischer Desorption von Multilagen präparieren lässt. An derart hergestellten Filmen ließe sich weiterhin die Ordnung mit LEED überprüfen. In weiterführenden Untersuchungen könnte diese definierte Grenzfläche dann als Modellsystem für eine Charakterisierung der elektronischen Wechselwirkung zwischen organischem und anorganischem Halbleiter dienen. Für das Wachstum von PF-PEN und PEN-Tetron stehen weitere XRD-Messungen aus, die den bisherigen Widerspruch (für das Wachstum von PF-PEN auf HOPG) eines Polymorphismus entkräften oder belegen sollten. Des Weiteren ist zu überprüfen, ob die Beobachtung des Defektstufenüberwachsens beim PEN auf gesputtertem HOPG sich in Analogie auch auf die beiden anderen Spezies übertragen lässt.

Für zukünftigen Projekte wäre es interessant, ob sich die für das Wachstum auf Graphit gezeigte Epitaxie auch auf der 2-D-Variante dem Graphen, dass beispielsweise auf $Ru(0001)$ [260] Einkristalloberflächen aufgewachsen ist, wiederfinden lässt.

## 6.2 Abstract

Since electronic properties of molecular materials are closely related to their structural order a precise control of the molecular packing and crystalline orientation of thin films is of vital interest for an optimization of organic electronic devices. Of particular interest in this respect is the initial stage of film formation which is largely governed by the interplay of intermolecular and molecule-substrate interactions [69]. One approach to control the molecular film structure is based on substrate mediated growth. In this respect we have studied structural properties of thin films of pentacene, pentacene-5,7,12,14-tetrone and perfluoro-pentacene which were grown onto various substrates including metals, metal oxides and graphite. On metal surfaces the molecules initially form a chemisorbed monolayer where molecules even can be uniformly aligned when using appropriate substrates with twofold symmetry. Further deposition, however, is accompanied by a pronounced dewetting and formation of disjoined islands which results from a large structural mismatch between the molecular arrangement in the monolayer and the crystalline phase. In some cases it is possible to orient such islands by utilizing step mediated nucleation and decoration of step bunches which allows the preparation of azimuthally well oriented elongated islands. On single crystalline oxides the growth parallels the situation found before for $SiO_2$ where islands of upright oriented molecules are formed. The growth on graphite is somewhat particular since the lattice provides a natural template for acenes yielding epitaxially ordered monolayer films with planar adsorption geometry like in case of metals. Interestingly, however, no dewetting occurs upon further growth and instead rather smooth films are formed. The detailed analysis for the case of pentacene showed that the substrate-molecule interaction actually is weaker than the intermolecular interaction so that multilayer films can lift the lowermost layer and thus reduce the misfit to the bulk structure [111]. By combining these results with findings from earlier works we try to identify some general tendencies for the growth of such organic films including also the influence of substrate roughness on the resulting film structures.

# Literaturverzeichnis

[1] A. Bernanose, M. Comte, und P. Vouaux, Journal De Chimie Physique Et De Physico-chimie Biologique **50**, 64 (1953).

[2] A. Bernanose, Angewandte Chemie-international Edition **67**, 131 (1955).

[3] P. Mark und W. Helfrich, Journal of Applied Physics **33**, 205 (1962).

[4] M. Pope, P. Magnante, und H. P. Kallmann, Journal of Chemical Physics **38**, 2042 (1963).

[5] W. Helfrich und W. G. Schneider, Physical Review Letters **14**, 229 (1965).

[6] H. Shirakawa, E. J. Louis, A. G. Mac Diarmid, C. K. Chiang, und A. J. Heeger, Journal of the Chemical Society-chemical Communications **474**, 578 (1977).

[7] C. K. Chiang, C. R. Fischer, Y. W. Park, A. J. Heeger, H. Shirakawa, E. J. Louis, S. C. Gau, und A. G. MacDiarmid, Phys Rev. Lett. **39**, 1098 (1977).

[8] C. K. Chiang, M. A. Druy, S. C. Gau, A. J. Heeger, E. J. Louis, A. G. MacDiarmid, Y. W. Park, und H. Shirakawa, J. Am. Chem. Soc. **100**, 1013 (1978).

[9] C. W. Tang und S. A. Van Slyke, Applied Physics Letters **51**, 913 (1987).

[10] J. H. Burroughes, D. D. C. Bradley, A. R. Brown, R. N. Marks, K. Mackay, R. H. Friend, P. L. Burns, und A. B. Holmes, Nature **347**, 539 (1990).

[11] D. Braun und A. J. Heeger, Applied Physics Letters **58**, 1982 (1991).

[12] J. A. Rogers, Z. Bao, K. Baldwin, A. Dodabalapur, B. Crone, V. R. Raju, V. Kuck, H. Katz, K. Amundson, J. Ewing, und P. Drzaic, Proceedings of the National Academy of Sciences of the United States of America **98**, 4835 (2001).

[13] in *Competence in Organic Electronics* (Agfa-gevaert Nv Orgacon electronic Materials, Belgium, 2009).

[14] in *Printed electronics* (PolyIC GmbH & Co. KG, Germany, 2009).

[15] in *Evonik Company profile, printed-electronics* (Evonik Degussa GmbH, Germany, 2009).

[16] in *Solarmer Energy, Inc. Transparent Power is Here* (Solarmer energy, Inc, USA, 2009).

[17] in *Fraunhofer ISE* (Fraunhofer Institute for solar energy systems Ise Dye- and Organic solar Cells Department Materials Research and Applied Optic, Germany, 2009).

[18] in *Fraunhofer ISIT* (Fraunhofer Institute for silicon technology IsIt, Germany, 2009).

[19] in *Organic and Printed Electronics* (Organic Electronic Association, BASF Ludwigshafen, 2009).

[20] Webpages der Hersteller.

[21] *Organic Molecular Solids*, edited by W. Jones (CRC Press, Taylor & Francis Ltd, New York, 1997).

[22] M. Pope und C. E. Swenberg, *Electronic Processes in Organic Crystals and Polymers*, 2nd ed. (Oxford University Press, Oxford, 1999).

[23] Y. Shirota, Journal of Materials Chemistry **10**, 1 (2000).

[24] R. Farchioni und G. Grosso, *Organic electronic Materials cunjugated Polymers and Low Molecular Weight Organic Solids* (Springer, Berlin, 2001).

[25] N. Karl, in *Organic electronic Materials*, edited by R. Farchioni und G. Grosso (Springer Verlag, Berlin, 2001), Vol. 1.

[26] G. Hadziioannou und G. G. Malliaras, *Semiconducting Polymers* (WILEY-VCH, Weinheim, 2007).

[27] *Physical and Chemical Aspects of Organic Electronics*, edited by C. Wöll (Wiley-VCH Verlag Gmbh, Weinheim, 2009).

[28] J. Fraxedas, *Molecular Organic Materials, From Molecules to Crystalline Solids* (Cambridge University Press, Cambridge, UK, 2006).

[29] J. R. Sheats, Journal of Materials Research **19**, 1974 (2004).

[30] *Organic Electronics Materials, Manufacturing and Applications*, edited by H. Klauk (Wiley-VCH Verlag Gmbh, Weinheim, 2006).

[31] M. Deussen und H. Bässler, Chemie In Unserer Zeit **31**, 76 (1997).

[32] M. Schwoerer und H. C. Wolf, *Organische Molekulare Festkörper: Einführung in die Physik von $\pi$-Systemen* (Wiley- VCH Verlag Gmbh, Weinheim, 2005).

[33] T. Miteva, A. Meisel, W. Knoll, H. G. Nothofer, U. Scherf, D. C. Müller, K. Meerholz, A. Yasuda, und D. Neher, Advanced Materials **13**, 565 (2001).

[34] R. Steim, F. R. Kogler, und C. J. Brabec, Journal of Materials Chemistry **20**, 2499 (2010).

[35] M. Eritt, C. May, K. Leo, M. Toerker, und C. Radehaus, Thin Solid Films **518**, 3042 (2010).

[36] H. Kobayashi, S. Kanbe, S. Seki, H. Kigchi, M. Kimura, I. Yudasaka, S. Miyashita, T. Shimoda, C. R. Towns, J. H. Burroughes, und R. H. Friend, Synthetic Metals **111**, 125 (2000).

[37] C. W. Tang, Applied Physics Letters **48**, 183 (1986).

[38] S. E. Shaheen, C. J. Brabec, N. S. Sariciftci, F. Padinger, T. Fromherz, und J. C. Hummelen, Applied Physics Letters **78**, 841 (2001).

[39] B. C. Thompson und J. M. J. Frechet, Angewandte Chemie-international Edition **47**, 58 (2008).

[40] C. D. Dimitrakopoulos und P. R. L. Malenfant, Advanced Materials **14**, 99 (2002).

[41] W. Clemens und W. Fix, Physik Journal **2**, 31 (2003).

[42] Z. Bao und J. Locklin, *Organic Field-Effect Transistors* (CRC Press, New York, 2007).

[43] J. Chen, M. A. Reed, A. M. Rawlett, und J. M. Tour, Science **286**, 1550 (1999).

[44] C. Bock, D. V. Pham, U. Kunze, D. Käfer, G. Witte, und C. Wöll, Journal of Applied Physics **100**, 114517 (2006).

[45] S. R. Forrest, Nature **428**, 911 (2004).

[46] Z. N. Bao, Y. Feng, A. Dodabalapur, V. R. Raju, und A. J. Lovinger, Chemistry of Materials **9**, 1299 (1997).

[47] Z. N. Bao, J. A. Rogers, und H. E. Katz, Journal of Materials Chemistry **9**, 1895 (1999).

[48] H. Yan, Z. H. Chen, Y. Zheng, C. Newman, J. R. Quinn, F. Dotz, M. Kastler, und A. Facchetti, Nature **457**, 679 (2009).

[49] S. Hunklinger, *Festkörperphysik* (Oldenbourg Verlag, München, 2007).

[50] H. Bässler, Physica Status Solidi (b) **175**, 15 (1993).

[51] *Charge Transport in Disordered Solids with Applications in Electronics*, edited by S. Baranovski (John Wiley and Sons, Ltd., Chichester, England, 2006).

[52] P. M. Borsenberger, L. Pautmeier, und H. Bässler, Journal of Chemical Physics **94**, 5447 (1991).

[53] J. D. Wright, *Molecular crystals*, 2 ed. (Cambridge University Press, New York, 1995).

[54] K. Hannewald, V. M. Stojanovic, J. M. T. Schellekens, P. A. Bobbert, G. Kresse, und J. Hafner, Physical Review B **69**, 075211 (2004).

[55] K. Hannewald und P. A. Bobbert, Physical Review B **69**, 075212 (2004).

[56] F. Ortmann, K. Hannewald, und F. Bechstedt, Physica Status Solidi B-basic Solid State Physics **245**, 825 (2008).

[57] F. Ortmann, F. Bechstedt, und K. Hannewald, Physical Review B **79**, 235206 (2009).

[58] F. Ortmann, F. Bechstedt, und K. Hannewald, New Journal of Physics **12**, 023011 (2010).

[59] E. J. Samuelson und J. Mardalen, in *Handbook of Organic Conductive Molecules and Polymers*, edited by H. S. Nalwa (Wiley- VCH Verlag Gmbh, Chester, UK, 1997), Vol. 3, pp. 87–120.

[60] H. Sirringhaus, P. J. Brown, R. H. Friend, M. M. Nielsen, K. Bechgaard, B. M. W. Langeveld-Voss, A. J. H. Spiering, R. A. J. Janssen, E. W. Meijer, P. Herwig, und D. M. de Leeuw, Nature **401**, 685 (1999).

[61] K. Müllen und G. Wegner, *Electronic Materials: The Oligomer Approach* (Wiley-VCH, New York, 1998).

[62] C. Goldmann, S. Haas, C. Krellner, K. P. Pernstich, D. J. Gundlach, und B. Batlogg, Journal of Applied Physics **96**, 2080 (2004).

[63] D. J. Gundlach, Y. Y. Lin, T. N. Jackson, S. F. Nelson, und D. G. Schlom, Ieee Electron Device Letters **18**, 87 (1997).

[64] H. Klauk, M. Halik, U. Zschieschang, G. Schmid, W. Radlik, und W. Weber, Journal of Applied Physics **92**, 5259 (2002).

[65] N. Ohashi, H. Tomii, M. Sakai, K. Kudo, und M. Nakamura, Applied Physics Letters **96**, 203302 (2010).

[66] J. E. Anthony, Chemical Reviews **106**, 5028 (2006).

[67] J. E. Anthony, Angewandte Chemie-international Edition **47**, 452 (2008).

[68] D. Hertel, C. D. Muller, und K. Meerholz, Chemie In Unserer Zeit **39**, 336 (2005).

[69] G. Witte und C. Wöll, Journal of Materials Research **19**, 1889 (2004).

[70] F. Schreiber, Physica Status Solidi A-applied Research **201**, 1037 (2004).

[71] J. V. Barth, G. Costantini, und K. Kern, Nature **437**, 671 (2005).

[72] K. Glockler, C. Seidel, A. Soukopp, M. Sokolowski, E. Umbach, M. Bohringer, R. Berndt, und W. D. Schneider, Surface Science **405**, 1 (1998).

[73] A. Andreev, G. Matt, C. J. Brabec, H. Sitter, D. Badt, H. Seyringer, und N. S. Sariciftci, Advanced Materials **12**, 629 (2000).

[74] L. Kankate, F. Balzer, H. Niehus, und H. G. Rubahn, Journal of Chemical Physics **128**, 084709 (2008).

[75] R. Resel, Thin Solid Films **433**, 1 (2003).

[76] H. Yanagi, T. Ohara, und T. Morikawa, Advanced Materials **13**, 1452 (2001).

[77] D. E. Hooks, T. Fritz, und M. D. Ward, Advanced Materials **13**, 227 (2001).

[78] J. H. Kang und X. Y. Zhu, Applied Physics Letters **82**, 3248 (2003).

[79] J. H. Kang und X. Y. Zhu, Chemistry of Materials **18**, 1318 (2006).

[80] D. Käfer, L. Ruppel, und G. Witte, Physical Review B **75**, 085309 (2007).

[81] O. McDonald, A. A. Cafolla, D. Carty, G. Sheerin, und G. Hughes, Surface Science **600**, 3217 (2006).

[82] M. Eremtchenko, R. Temirov, D. Bauer, J. A. Schaefer, und F. S. Tautz, Physical Review B **72**, 115430 (2005).

[83] E. Mete, I. Demiroglu, M. F. Danisman, und S. Ellialtioglu, Journal of Physical Chemistry C **114**, 2724 (2010).

[84] V. Corradini, C. Menozzi, M. Cavallini, F. Biscarini, M. G. Betti, und C. Mariani, Surface Science **532**, 249 (2003).

[85] P. Guaino, D. Carty, G. Hughes, O. McDonald, und A. A. Cafolla, Applied Physics Letters **85**, 2777 (2004).

[86] G. Bavdek, A. Cossaro, D. Cvetko, C. Africh, C. Blasetti, F. Esch, A. Morgante, und L. Floreano, Langmuir **24**, 767 (2008).

[87] J. Lagoute, K. Kanisawa, und S. Folsch, Physical Review B **70**, 245415 (2004).

[88] S. Lukas, G. Witte, und C. Wöll, Physical Review Letters **88**, 028301 (2002).

[89] Q. Chen, A. J. McDowall, und N. V. Richardson, Langmuir **19**, 10164 (2003).

[90] S. Lukas, S. Söhnchen, G. Witte, und C. Wöll, Chemphyschem **5**, 266 (2004).

[91] K. Müller, A. Kara, T. K. Kim, R. Bertschinger, A. Scheybal, J. Osterwalder, und T. A. Jung, Physical Review B **79**, 245421 (2009).

[92] J. Martinez-Blanco, M. Ruiz-Oses, V. Joco, D. I. Sayago, P. Segovia, und E. G. Michel, Journal of Vacuum Science & Technology B **27**, 863 (2009).

[93] C. Baldacchini, C. Mariani, M. G. Betti, L. Gavioli, M. Fanetti, und M. Sancrotti, Applied Physics Letters **89**, 152119 (2006).

[94] M. Fanetti, L. Gavioli, M. Sancrotti, und M. G. Betti, Applied Surface Science **252**, 5568 (2006).

[95] M. Fanetti, L. Gavioli, und M. Sancrotti, Advanced Materials **18**, 2863 (2006).

[96] C. Baldacchini, C. Mariani, M. G. Betti, I. Vobornik, J. Fujii, E. Annese, G. Rossi, A. Ferretti, A. Calzolari, R. Di Felice, A. Ruini, und E. Molinari, Physical Review B **76**, 245430 (2007).

[97] M. Koini, T. Haber, O. Werzer, S. Berkebile, G. Koller, M. Oehzelt, M. G. Ramsey, und R. Resel, Thin Solid Films **517**, 483 (2008).

[98] S. Verlaak, S. Steudel, P. Heremans, D. Janssen, und M. S. Deleuze, Physical Review B **68**, 195409 (2003).

[99] C. D. Dimitrakopoulos, A. R. Brown, und A. Pomp, Journal of Applied Physics **80**, 2501 (1996).

[100] I. P. M. Bouchoms, W. A. Schoonveld, J. Vrijmoeth, und T. M. Klapwijk, Synthetic Metals **104**, 175 (1999).

[101] R. Ruiz, A. C. Mayer, G. G. Malliaras, B. Nickel, G. Scoles, A. Kazimirov, H. Kim, R. L. Headrick, und Z. Islam, Applied Physics Letters **85**, 4926 (2004).

[102] Y. Wu, T. Toccoli, N. Koch, E. Iacob, A. Pallaoro, P. Rudolf, und S. Iannotta, Physical Review Letters **98**, 076601 (2007).

[103] G. E. Thayer, J. T. Sadowski, F. M. zu Heringdorf, T. Sakurai, und R. M. Tromp, Physical Review Letters **95**, 256106 (2005).

[104] A. Al-Mahboob, J. T. Sadowski, T. Nishihara, Y. Fujikawa, Q. K. Xue, K. Nakajima, und T. Sakurai, Surface Science **601**, 1304 (2007).

[105] T. Kakudate, N. Yoshimoto, K. Kawamura, und Y. Saito, Journal of Crystal Growth **306**, 27 (2007).

[106] T. Minkata, H. Imai, M. Ozaki, und K. Saco, Journal of Applied Physics **72**, 5220 (1992).

[107] M. Brinkmann, S. Graff, C. Straupe, J. C. Wittmann, C. Chaumont, F. Nuesch, A. Aziz, M. Schaer, und L. Zuppiroli, Journal of Physical Chemistry B **107**, 10531 (2003).

[108] D. Käfer, C. Wöll, und G. Witte, Applied Physics A-materials Science & Processing **95**, 273 (2009).

[109] Y. Zheng, A. T. S. Wee, und N. Chandrasekhar, Acs Nano **4**, 2104 (2010).

[110] S. Söhnchen, S. Lukas, und G. Witte, Journal of Chemical Physics **121**, 525 (2004).

[111] J. Götzen, D. Käfer, C. Wöll, und G. Witte, Physical Review B **81**, 085440 (2010).

[112] A. Neuhaus, Fortschritte der Mineralogie **29–30**, 136 (1950).

[113] B. Stadlober, U. Haas, H. Maresch, und A. Haase, Physical Review B **74**, 165302 (2006).

[114] D. Guo, S. Ikeda, und K. Saiki, Journal of Physics-condensed Matter **22**, 262001 (2010).

[115] L. Casalis, M. F. Danisman, B. Nickel, G. Bracco, T. Toccoli, S. Iannotta, und G. Scoles, Physical Review Letters **90**, 206101 (2003).

[116] J. Willems, Experientia **23**, 409 (1967).

[117] H. Yanagi und T. Morikawa, Applied Physics Letters **75**, 187 (1999).

[118] F. Balzer und H. G. Rubahn, Applied Physics Letters **79**, 3860 (2001).

[119] F. Balzer, V. Bordo, A. Simonsen, und H.-G. Rubahn, Phys. Rev. B **67**, 115408 (2003).

[120] H. Inoue, G. Yoshikawa, und K. Saiki, Japanese Journal of Applied Physics Part 1-regular Papers Brief Communications & Review Papers **45**, 1794 (2006).

[121] G. Koller, S. Berkebile, J. R. Krenn, G. Tzvetkov, G. Hlawacek, O. Lengyel, F. P. Netzer, C. Teichert, R. Resel, und M. G. Ramsey, Advanced Materials **16**, 2159 (2004).

[122] J. Ivanco, T. Haber, J. R. Krenn, F. P. Netzer, R. Resel, und M. G. Ramsey, Surface Science **601**, 178 (2007).

[123] T. Haber, J. Ivanco, M. G. Ramsey, und R. Resel, Journal of Crystal Growth **310**, 101 (2008).

[124] M. Cerminara, R. Tubino, F. Meinardi, J. Ivanco, F. P. Netzer, und M. G. Ramsey, Thin Solid Films **516**, 4247 (2008).

[125] M. Jung, U. Baston, G. Schnitzler, M. Kaiser, J. Papst, T. Porwol, H. J. Freund, und E. Umbach, Journal of Molecular Structure **293**, 239 (1993).

[126] E. Umbach, M. Sokolowski, und R. Fink, Applied Physics A-materials Science & Processing **63**, 565 (1996).

[127] S. R. Forrest, Chemical Reviews **97**, 1793 (1997).

[128] J. Tersoff und F. K. Legoues, Physical Review Letters **72**, 3570 (1994).

[129] J. A. Venables, Surface Science **299**, 798 (1994).

[130] *Surface and Thin Film Analysis: A Compendium of Principles, Instrumentation, and Application*, edited by H. Bubert und H. Jenett (Wiley- VCH Verlag Gmbh, Weinheim, 2003).

[131] M. Jantsch, Med Lab (Stuttg) **25**, 251 (1972).

[132] R. F. Egerton, P. Li, und M. Malac, Micron **35**, 399 (2004).

[133] E. Meyer, H. J. Hug, und R. Bennewitz, *Scanning Probe Microscopy, The Lab on the Tip* (Springer Verlag GmbH, Heidelberg, 2004).

[134] G. Binnig, H. Rohrer, C. Gerber, und E. Weibel, Physical Review Letters **49**, 57 (1982).

[135] R. Wiesendanger, *Scannnig Probe Microscopy and Spectroscopy, Methods and Applications* (Cambridge University Press, Cambridge, 2001).

[136] *STM and AFM Studies on (Bio)molecular Systems Unravelling the Nanoworld*, edited by P. Samori (Springer, Heidelberg, 2008).

[137] Z.-H. Wang, D. Käfer, A. Bashir, J. Götzen, A. Birkner, G. Witte, und C. Wöll, Phys Chem Chem Phys **12**, 4317 (2010).

[138] G. Binnig, C. F. Quate, und C. Gerber, Physical Review Letters **56**, 930 (1986).

[139] G. Meyer und N. M. Amer, Applied Physics Letters **53**, 1045 (1988).

[140] L. Verlet, Physical Review **159**, 98 (1967).

[141] R. Perez, I. Stich, M. C. Payne, und K. Terakura, Physical Review B **58**, 10835 (1998).

[142] L. Gross, F. Mohn, N. Moll, P. Liljeroth, und G. Meyer, Science **325**, 1110 (2009).

[143] M. Henzler und W. Göppel, *Oberflächenphysik des Festkörpers, 2* (Teubner Studienbücher, Stuttgart, 1994).

[144] M. Birkholz, *Thin Film Analysis by X-Ray Scattering* (Wiley- VCH Verlag Gmbh, Weinheim, 2006).

[145] L. Spieß, G. Teichert, R. Schwarzer, H. Behnken, und C. Genzel, *Moderne Röntgenbeugung, Röntgendiffraktometer für Materialwissenschaftler, Physiker und Chemiker*, 2 ed. (Vieweg + Teubner, Wiesbaden, 2009).

[146] G. Witte und C. Wöll, Physica Status Solidi A-applications and Materials Science **205**, 497 (2008).

[147] D. A. King, Surface Science **47**, 384 (1975).

[148] P. Feulner und D. Menzel, Journal of Vacuum Science & Technology **17**, 662 (1980).

[149] H. Lüth, *Solid Surfaces, Interfaces and Thin Films*, 4 ed. (Springer, Heidelberg, 2001).

[150] J. Stöhr, *NEXAFS Spectroscopy* (Springer, Heidelberg, 2003).

[151] J. Falta und T. Möller, *Forschung mit Synchrotronstrahlung, Eine Einführung in die Grundlagen der Anwendungen* (Vieweg + Teubner, Wiesbaden, 2010).

[152] J. Stöhr und D. A. Outka, Physical Review B **36**, 7891 (1987).

[153] D. Käfer und G. Witte, Chemical Physics Letters **442**, 376 (2007).

[154] R. A. Rosenberg, P. J. Love, und V. Rehn, Physical Review B **33**, 4034 (1986).

[155] S. Hüfner, *Photoelectron Spectroscopy, Principles and Applications*, 3 ed. (Springer, Berlin, 2003).

[156] D. Käfer, Ph.D. thesis, Ruhr-University Bochum, 2008.

[157] Y. Sakamoto, T. Suzuki, M. Kobayashi, Y. Gao, Y. Fukai, Y. Inoue, F. Sato, und S. Tokito, Journal of the American Chemical Society **126**, 8138 (2004).

[158] I. Salzmann, S. Duhm, G. Heimel, J. P. Rabe, N. Koch, M. Oehzelt, Y. Sakamoto, und T. Suzuki, Langmuir **24**, 7294 (2008).

[159] A. Vollmer, O. D. Jurchescu, I. Arfaoui, I. Salzmann, T. T. M. Palstra, P. Rudolf, J. Niemax, J. Pflaum, J. P. Rabe, und N. Koch, European Physical Journal E **17**, 339 (2005).

[160] N. Koch, A. Vollmer, S. Duhm, Y. Sakamoto, und T. Suzuki, Advanced Materials **19**, 112 (2007).

[161] S. Kowarik, A. Gerlach, A. Hinderhofer, S. Milita, F. Borgatti, F. Zontone, T. Suzuki, F. Biscarini, und F. Schreiber, Physica Status Solidi-rapid Research Letters **2**, 120 (2008).

[162] N. Koch, A. Gerlach, S. Duhm, H. Glowatzki, G. Heimel, A. Vollmer, Y. Sakamoto, T. Suzuki, J. Zegenhagen, J. P. Rabe, und F. Schreiber, Journal of the American Chemical Society **130**, 7300 (2008).

[163] K. Fujii, C. Himcinschi, M. Toader, S. Kera, D. R. T. Zahn, und N. Ueno, Journal of Electron Spectroscopy and Related Phenomena **174**, 65 (2009).

[164] N. G. Martinelli, Y. Olivier, S. Athanasopoulos, M. C. R. Delgado, K. R. Pigg, D. A. da Silva, R. S. Sanchez-Carrera, E. Venuti, R. G. Della Valle, J. L. Bredas, D. Beljonne, und J. Cornil, Chemphyschem **10**, 2265 (2009).

[165] M. C. R. Delgado, K. R. Pigg, D. A. D. S. Filho, N. E. Gruhn, Y. Sakamoto, T. Suzuki, R. M. Osuna, J. Casado, V. Hernandez, J. T. L. Navarrete, N. G. Martinelli, J. Cornil, R. S. Sanchez-Carrera, V. Coropceanu, und J. L. Bredas, Journal of the American Chemical Society **131**, 1502 (2009).

[166] S. Duhm, S. Hosoumi, I. Salzmann, A. Gerlach, M. Oehzelt, B. Wedl, T. L. Lee, F. Schreiber, N. Koch, N. Ueno, und S. Kera, Physical Review B **81**, 045418 (2010).

[167] D. G. de Oteyza, Y. Wakayama, X. Liu, W. Yang, P. L. Cook, F. J. Himpsel, und J. E. Ortega, Chemical Physics Letters **490**, 54 (2010).

[168] U. Heinemeyer, K. Broch, A. Hinderhofer, M. Kytka, R. Scholz, A. Gerlach, und F. Schreiber, Physical Review Letters **104**, 257401 (2010).

[169] A. Dodabalapura, L. Torsi, und H. E. Katz, Science **268**, 270 (1995).

[170] A. Dodabalapur, H. E. Katz, L. Torsi, und R. C. Haddon, Science **269**, 1560 (1995).

[171] A. Dodabalapur, J. Laquindanum, H. E. Katz, und Z. Bao, Applied Physics Letters **69**, 4227 (1996).

[172] S. Duhm, I. Salzmann, G. Heimel, M. Oehzelt, A. Haase, R. L. Johnson, J. P. Rabe, und N. Koch, Applied Physics Letters **94**, 033304 (2009).

[173] R. G. Endres, C. Y. Fong, L. H. Yang, G. Witte, und C. Woll, Computational Materials Science **29**, 362 (2004).

[174] S. Lukas, S. Vollmer, G. Witte, und C. Wöll, Journal of Chemical Physics **114**, 10123 (2001).

[175] S. Lukas, Ph.D. thesis, Ruhr-Universität Bochum, 2003.

[176] A. Tamai, W. Auwarter, C. Cepek, F. Baumberger, T. Greber, und J. Osterwalder, Surface Science **566**, 633 (2004).

[177] M. Böhringer, K. Morgenstern, W. D. Schneider, R. Berndt, F. Mauri, A. De Vita, und R. Car, Physical Review Letters **83**, 324 (1999).

[178] L. Gavioli, M. Fanetti, D. Pasca, M. Padovani, M. Sancrotti, und M. G. Betti, Surface Science **566**, 624 (2004).

[179] L. Gavioli, M. Fanetti, M. Sancrotti, und M. G. Betti, Physical Review B **72**, 035458 (2005).

[180] G. Witte, J. Braun, D. Nowack, L. Bartels, B. Neu, und G. Meyer, Physical Review B **58**, 13224 (1998).

[181] S. Vollmer, A. Birkner, S. Lukas, G. Witte, und C. Wöll, Applied Physics Letters **76**, 2686 (2000).

[182] N. Reinecke und E. Taglauer, Surface Science **454**, 94 (2000).

[183] N. Reinecke, S. Reiter, S. Vetter, und E. Taglauer, Applied Physics A-materials Science & Processing **75**, 1 (2002).

[184] E. Umbach, C. Seidel, J. Taborski, R. Li, und A. Soukopp, Physica Status Solidi B-basic Research **192**, 389 (1995).

[185] R. Kaplan, Surface Science **93**, 145 (1980).

[186] M. Henzler, Applied Surface Science **11-2**, 450 (1982).

[187] D. Käfer, M. El Helou, C. Gemel, und G. Witte, Crystal Growth & Design **8**, 3053 (2008).

[188] Q. Chen und N. V. Richardson, Progress In Surface Science **73**, 59 (2003).

[189] G. Witte, K. Hänel, C. Busse, A. Birkner, und C. Wöll, Chemistry of Materials **19**, 4228 (2007).

[190] C. Menozzi, V. Corradini, M. Cavallini, F. Biscarini, M. G. Betti, und C. Mariani, Thin Solid Films **428**, 227 (2003).

[191] A. Kahn, N. Koch, und W. Y. Gao, Journal of Polymer Science Part B-polymer Physics **41**, 2529 (2003).

[192] D. Cahen und A. Kahn, Advanced Materials **15**, 271 (2003).

[193] I. Salzmann, S. Duhm, G. Heimel, M. Oehzelt, R. Kniprath, R. L. Johnson, J. P. Rabe, und N. Koch, Journal of the American Chemical Society **130**, 12870 (2008).

[194] S. Braun, W. R. Salaneck, und M. Fahlman, Advanced Materials **21**, 1450 (2009).

[195] *Handbook of Chemistry and Physics*, edited by D. R. Linde (CRC Press, Taylor & Francis Ltd, Boca Raton, 2008–2009), Vol. 89th Edition.

[196] L. G. Radchenko und A. Kitaigonodskii, Russ. J. Phys. Chem. **48**, 1595 (1974).

[197] G. Witte und C. Wöll, Journal of Chemical Physics **103**, 5860 (1995).

[198] D. P. Dilella, R. R. Smardzewski, S. Guha, und P. A. Lund, Surface Science **158**, 295 (1985).

[199] E. Bauer, Reports On Progress In Physics **57**, 895 (1994).

[200] P. Hobza, H. L. Selzle, und E. W. Schlag, Journal of Physical Chemistry **97**, 3937 (1993).

[201] C. A. Hunter, K. R. Lawson, J. Perkins, und C. J. Urch, Journal of the Chemical Society-perkin Transactions 2 **2**, 651 (2001).

[202] H. Yoshida, K. Inaba, und N. Sato, Applied Physics Letters **90**, 181930 (2007).

[203] U. Diebold, Surface Science Reports **48**, 53 (2003).

[204] C. Wöll, Progress In Surface Science **82**, 55 (2007).

[205] H. Morkokc und U. Özgür, *Zinc Oxide: Fundamentals, Materials and Device Technology* (Wiley- VCH Verlag Gmbh, Weinheim, 2009), Vol. 1.

[206] M. Li, W. Hebenstreit, U. Diebold, A. M. Tyryshkin, M. K. Bowman, G. G. Dunham, und M. A. Henderson, Journal of Physical Chemistry B **104**, 4944 (2000).

[207] U. Diebold, L. V. Koplitz, und O. Dulub, Applied Surface Science **237**, 336 (2004).

[208] M. Kunat, S. Gil Girol, T. Becker, U. Burghaus, und C. Wöll, Physical Review B **66**, 081402 (2002).

[209] M. Kunat, U. Burghaus, und C. Wöll, Physical Chemistry Chemical Physics **6**, 4203 (2004).

[210] T. Ohnishi, A. Ohtomo, M. Kawasaki, K. Takahashi, M. Yoshimoto, und H. Koinuma, Applied Physics Letters **72**, 824 (1998).

[211] J. C. Moore, S. M. Kenny, C. S. Baird, H. Morkoc, und A. A. Baski, Appl. Phys. Lett. **105**, 116102 (2009).

[212] U. Diebold, M. Li, O. Dulub, E. L. D. Hebenstreit, und W. Hebenstreit, Surface Review and Letters **7**, 613 (2000).

[213] V. E. Henrich, G. Dresselhaus, und H. J. Zeiger, Physical Review Letters **36**, 1335 (1976).

[214] Y. W. Chung, W. J. Lo, und G. A. Somorjai, Surface Science **64**, 588 (1977).

[215] C. C. Kao, S. C. Tsai, M. K. Bahl, Y. W. Chung, und W. J. Lo, Surface Science **95**, 1 (1980).

[216] O. S. O. America, in *Handbook of Optics*, 2 ed., edited by M. Bass (McGraw-Hill, USA, 1994), Vol. 2.

[217] D. C. Cronmeyer, Physical Review **87**, 876 (1952).

[218] SOPRA N&K Database.

[219] M. Valtiner, M. Todorova, G. Grundmeier, und J. Neugebauer, Physical Review Letters **103**, 065502 (2009).

[220] A. K. Geim und K. S. Novoselov, Nature Materials **6**, 183 (2007).

[221] T. O. Wehling, K. S. Novoselov, S. V. Morozov, E. E. Vdovin, M. I. Katsnelson, A. K. Geim, und A. I. Lichtenstein, Nano Letters **8**, 173 (2008).

[222] B. Sanyal, O. Eriksson, U. Jansson, und H. Grennberg, Physical Review B **79**, 113409 (2009).

[223] U. Bardi, S. Magnelli, und G. Rovida, Langmuir **3**, 159 (1987).

[224] U. Zimmernmann und N. Karl, Surface Science **268**, 296 (1992).

[225] C. Ludwig, B. Gompf, W. Glatz, J. Petersen, W. Eisenmenger, M. Mobus, U. Zimmermann, und N. Karl, Zeitschrift Fur Physik B-condensed Matter **86**, 397 (1992).

[226] A. Stabel und J. P. Rabe, Synthetic Metals **67**, 47 (1994).

[227] A. Stabel, P. Herwig, K. Mullen, und J. P. Rabe, Angewandte Chemie-international Edition In English **34**, 1609 (1995).

[228] R. Strohmaier, J. Petersen, B. Gompf, und W. Eisenmenger, Surface Science **418**, 91 (1998).

[229] K. Walzer, M. Sternberg, und M. Hietschold, Surface Science **415**, 376 (1998).

[230] X. H. Qiu, C. Wang, Q. D. Zeng, B. Xu, S. X. Yin, H. N. Wang, S. D. Xu, und C. L. Bai, Journal of the American Chemical Society **122**, 5550 (2000).

[231] G. M. Florio, T. L. Werblowsky, T. Muller, B. J. Berne, und G. W. Flynn, Journal of Physical Chemistry B **109**, 4520 (2005).

[232] S. Jo, H. Yoshikawa, A. Fujii, und M. Takenaga, Surface Science **592**, 37 (2005).

[233] B. Jaeckel, J. Sambur, und B. A. Parkinson, Journal of Physical Chemistry C **113**, 1837 (2009).

[234] Y. Harada, H. Ozaki, und K. Ohno, Physical Review Letters **52**, 2269 (1984).

[235] N. Koch, A. Vollmer, I. Salzmann, B. Nickel, H. Weiss, und J. P. Rabe, Physical Review Letters **96**, 156803 (2006).

[236] W. Chen, H. Huang, A. Thye, und S. Wee, Chemical Communications 4276 (2008).

[237] H. Yamane, S. Nagamatsu, H. Fukagawa, S. Kera, R. Friedlein, K. K. Okudaira, und N. Ueno, Physical Review B **72**, 153412 (2005).

[238] M. Shionoiri, M. Kozasa, S. Kera, K. K. Okudaira, und N. Ueno, Japanese Journal of Applied Physics Part 1-regular Papers Brief Communications & Review Papers **46**, 1625 (2007).

[239] V. Oja und E. M. Suuberg, Journal of Chemical and Engineering Data **43**, 486 (1998).

[240] H. Ozaki, Journal of Chemical Physics **113**, 6361 (2000).

[241] N. Ferralis, K. Pussi, S. E. Finberg, J. Smerdon, M. Lindroos, R. McGrath, und R. D. Diehl, Physical Review B **70**, 245407 (2004).

[242] R. Ruiz, D. Choudhary, B. Nickel, T. Toccoli, K. C. Chang, A. C. Mayer, P. Clancy, J. M. Blakely, R. L. Headrick, S. Iannotta, und G. G. Malliaras, Chemistry of Materials **16**, 4497 (2004).

[243] T. Siegrist, C. Kloc, J. H. Schon, B. Batlogg, R. C. Haddon, S. Berg, und G. A. Thomas, Angewandte Chemie-international Edition **40**, 1732 (2001).

[244] R. B. Campbell, J. Trotter, und M. J., Acta Crystallographica **15**, 289 (1962).

[245] S. Schiefer, M. Huth, A. Dobrinevski, und B. Nickel, Journal of the American Chemical Society **129**, 10316 (2007).

[246] D. Choudhary, P. Clancy, R. Shetty, und F. Escobedo, Advanced Functional Materials **16**, 1768 (2006).

[247] D. Knipp, R. A. Street, A. Volkel, und J. Ho, Journal of Applied Physics **93**, 347 (2003).

[248] V. Coropceanu, M. Malagoli, D. A. da Silva, N. E. Gruhn, T. G. Bill, und J. L. Bredas, Physical Review Letters **89**, 275503 (2002).

[249] N. Ueno, S. Kera, K. Sakamoto, und K. K. Okudaira, Applied Physics A-materials Science & Processing **92**, 495 (2008).

[250] P. B. Paramonov, V. Coropceanu, und J. L. Bredas, Physical Review B **78**, 041403 (2008).

[251] H. Fukagawa, H. Yamane, T. Kataoka, S. Kera, M. Nakamura, K. Kudo, und N. Ueno, Physical Review B **73**, 245310 (2006).

[252] B. Krause, A. C. Durr, K. Ritley, F. Schreiber, H. Dosch, und D. Smilgies, Phys. Rev. B **66**, 235404 (2002).

[253] A. Langner, A. Hauschild, S. Fahrenhoz, und M. Sokolowski, Surface Science **574**, 153 (2005).

[254] A.-L. Deman, M. Eroul, D. Lallemann, M. Phaner-Goutorbe, P. Lang, und J. Tardy, J. Non-Cryst. Sol. **354**, 1598 (2008).

[255] P. Parisse, S. Picozzi, M. Passacantando, und L. Ottaviano, Thin Solid Films **515**, 8316 (2007).

[256] I. Salzmann, *DPG 2010* (Salzmann et al., Berlin, 2010).

[257] M. Oehzelt, L. Grill, S. Berkebile, G. Koller, F. P. Netzer, und M. G. Ramsey, Chemphyschem **8**, 1707 (2007).

[258] Y. Inoue, Y. Sakamoto, T. Suzuki, M. Kobayashi, Y. Gao, und S. Tokito, Japanese Journal of Applied Physics Part 1-regular Papers Short Notes & Review Papers **44**, 3663 (2005).

[259] S. Reiss, H. Krumm, A. Niklewski, V. Staemmler, und C. Wöll, Journal of Chemical Physics **116**, 7704 (2002).

[260] K. Donner und P. Jakob, Journal of Chemical Physics **131**, 164701 (2009).

# Abbildungsverzeichnis

| | | |
|---|---|---|
| 1.1 | Anwendungsbeispiele für organische Elektronik . . . . . . . . . . . . . | 2 |
| 1.2 | Schematische Darstellung der Funktionsweise: OLED, OPV und OFET | 4 |
| 1.3 | Ladungstransport im organischen Halbleiter . . . . . . . . . . . . . | 7 |
| 1.4 | Ladungsträgerbeweglichkeiten und MO-Energien der Acene . . . . . . | 11 |
| 1.5 | 1,4 Dioxyanthrachinon auf Ag(111)/Mica von A. Neuhaus . . . . . . | 12 |
| 1.6 | Schematische Darstellung der Wachstumsmodi . . . . . . . . . . . . | 13 |
| 2.1 | Schematische Darstellung der Funktionsweise des STM . . . . . . . . | 19 |
| 2.2 | Schematische Darstellung des Tunnelmechanismusses . . . . . . . . . | 21 |
| 2.3 | Charakteristika in STM-Aufnahmen . . . . . . . . . . . . . . . . . . | 23 |
| 2.4 | Schematische Darstellung der Funktionsweise eines AFM . . . . . . . | 25 |
| 2.5 | Charakteristika in AFM-Aufnahmen . . . . . . . . . . . . . . . . . | 27 |
| 2.6 | Schematische Darstellung eines *backview*-LEED-Systems . . . . . . . | 30 |
| 2.7 | LEED an der vicinalen Cu(221) Oberfläche . . . . . . . . . . . . . . | 32 |
| 2.8 | C1$s$ NEXAFS-Spektren von PEN auf HOPG . . . . . . . . . . . . . | 35 |
| 2.9 | Organischer Moleküldoppelverdampfer . . . . . . . . . . . . . . . . | 37 |
| 2.10 | Schematische Darstellung der Moleküle . . . . . . . . . . . . . . . . | 38 |
| 2.11 | Schematische Darstellung der Oberflächen . . . . . . . . . . . . . . | 40 |
| 3.1 | Monolage PEN auf Cu(221) . . . . . . . . . . . . . . . . . . . . . . | 46 |
| 3.2 | Monolage PEN auf Cu(221) Defektstufe . . . . . . . . . . . . . . . | 48 |
| 3.3 | PEN auf Cu(221) Versatzstufe . . . . . . . . . . . . . . . . . . . . | 49 |
| 3.4 | PEN auf Cu(221) facettiert . . . . . . . . . . . . . . . . . . . . . . | 51 |
| 3.5 | PEN Multilage auf Cu(221) . . . . . . . . . . . . . . . . . . . . . . | 53 |
| 3.6 | Multilagenwachstum PEN-Tetron auf Cu(221) . . . . . . . . . . . . | 55 |
| 3.7 | Wachstum auf Cu(221) . . . . . . . . . . . . . . . . . . . . . . . . | 57 |
| 3.8 | TDS von PF-PEN auf Ag(111) . . . . . . . . . . . . . . . . . . . . | 63 |
| 3.9 | XPS an PF-PEN auf Ag(111) . . . . . . . . . . . . . . . . . . . . . | 64 |
| 3.10 | STM der ersten ML von PF-PEN auf Ag(111) . . . . . . . . . . . . | 66 |
| 3.11 | STM an der der Bilage PF-PEN auf Ag(111) . . . . . . . . . . . . . | 68 |
| 3.12 | AFM an Multilagenfilmen von PF-PEN auf Ag(111) . . . . . . . . . | 70 |
| 3.13 | XRD PF-PEN auf Ag(111) . . . . . . . . . . . . . . . . . . . . . . | 72 |
| 3.14 | Schematische Illustration der Wachstumsmodelle . . . . . . . . . . . | 73 |

4.1 Vergleich der zyklischen mit der zweistufigen Präparationsmethode . . 77
4.2 AFM und LEED an $TiO_2(110)$ . . . . . . . . . . . . . . . . . . . . . 78
4.3 UPS und XPS an $TiO_2(110)$ . . . . . . . . . . . . . . . . . . . . . . 80
4.4 Optische Spektroskopie an $TiO_2(110)$ . . . . . . . . . . . . . . . . . 82
4.5 ZnO(0001)-O-Oberfläche . . . . . . . . . . . . . . . . . . . . . . . . 85
4.6 ZnO(000$\bar{1}$)-O-Oberfläche . . . . . . . . . . . . . . . . . . . . . . . . 87
4.7 XPS an der ZnO(000$\bar{1}$)-O-Oberfläche . . . . . . . . . . . . . . . . . 89
4.8 ZnO(10$\bar{1}$0)-O-Oberfläche . . . . . . . . . . . . . . . . . . . . . . . . 89
4.9 PEN auf $TiO_2$ . . . . . . . . . . . . . . . . . . . . . . . . . . . . . . 91
4.10 PF-PEN auf $TiO_2$ . . . . . . . . . . . . . . . . . . . . . . . . . . . . 92
4.11 PEN-Tetrone auf $TiO_2$ . . . . . . . . . . . . . . . . . . . . . . . . . 94
4.12 Wachstum auf $TiO_2$ . . . . . . . . . . . . . . . . . . . . . . . . . . . 96

5.1 Thermodesorptionsspektrum von PEN auf HOPG . . . . . . . . . . 102
5.2 Azimutale Ausrichtung der PEN-Monolageninseln auf HOPG . . . . 103
5.3 Orientierung der PEN-Moleküle in der ersten Monolage auf HOPG . 104
5.4 Mobilität der Moleküle auf der Oberfläche . . . . . . . . . . . . . . 105
5.5 AFM an PEN-Multilagen auf HOPG . . . . . . . . . . . . . . . . . 107
5.6 Wachstum von PEN auf angesputtertem HOPG . . . . . . . . . . . 108
5.7 XRD an PEN auf HOPG . . . . . . . . . . . . . . . . . . . . . . . 110
5.8 NEXAFS an PEN auf HOPG . . . . . . . . . . . . . . . . . . . . . 112
5.9 PEN-Multilagenfilme auf HOPG mittels STM . . . . . . . . . . . . 114
5.10 Diskussion zum Wachstum von PEN auf HOPG . . . . . . . . . . . 118
5.11 Wachstum von PF-PEN auf HOPG . . . . . . . . . . . . . . . . . . 124
5.12 XRD von PF-PEN auf HOPG . . . . . . . . . . . . . . . . . . . . . 125
5.13 Wachstum von PEN-Tetron auf HOPG . . . . . . . . . . . . . . . . 126

6.1 Graphische Zusammenfassung der Ergebnisse . . . . . . . . . . . . 131

# Curriculum Vitae

| | |
|---|---|
| 2001 | Abitur am Albert-Einstein Gymnasium in Duisburg |
| 2001—2004 | B.Sc. Chemie/Molekulare Materialien an der Gerhard Mercator Universität Duisburg |
| | Bachelorarbeit bei Prof. PhD. V. Buss in der Arbeitsgruppe für Theoretische Chemie mit dem Titel: |
| | *„UV/Vis und CD-spektroskopische Charakterisierung chiraler Cyaninfarbstoffe"* |
| 2004—2006 | M.Sc. Chemie/Funktionsmaterialien an der Ruhr-Universität Bochum |
| | Masterarbeit bei Prof. Dr. Ch. Wöll am Lehrstuhl für Physikalische Chemie I des Instituts für Chemie und Biochemie an der Ruhr-Universität Bochum, mit dem Titel: |
| | *„Charakterisierung von einkristallinen Pentacenfilmen mittels rastersonden- und rasterelektronenmikroskopischen Methoden "* |
| 2006—2008 | Doktorand in AG von Priv. Doz. Dr. G. Witte am Lehrstuhl für Physikalische Chemie I des Instituts für Chemie und Biochemie der Ruhr-Universität Bochum |
| 2008—2010 | Doktorand bei Prof. Dr. G. Witte am Lehrstuhl für Molekulare Festkörperphysik des Fachbereichs Physik der Philipps Universität Marburg |

# Danksagung

An dieser Stelle möchte ich all Jenen danken, die durch ihre fachliche und persönliche Unterstützung zum Gelingen dieser Dissertation beigetragen haben. Mein besonderer Dank gebührt:

An erster Stelle möchte ich zunächst meinem Doktorvater Prof. Dr. Gregor Witte für die Ermöglichung dieser Arbeit danken. Bereits im Studium sowie Rahmen von Masterarbeit und Dissertation hat er durch ständige Diskussionsbereitschaft mein Interesse an organischer Elektronik stetig gesteigert und damit maßgeblich zu meinem Enthusiasmus an der Forschung beigetragen. Dies war von entscheidender Bedeutung für das Gelingen der Arbeit.

Ich bedanke weiterhin mich bei Prof. Dr. Peter Jacob für das Interesse an meiner Arbeit und für die Erstellung des Zweitgutachtens.

Prof. Dr. Christof Wöll für die Bereitstellung der Infrastruktur während der Dissertation am Lehrstuhl für Physikalische Chemie I der Ruhr-Universität Bochum.

Christian Schmidt für das angenehme Arbeitsklima in Büro und Labor sowie seine ständige Bereitschaft zu fruchtbaren arbeitsnahen und -fernen Diskussion zu jeglicher Tageszeit.

Dr. Daniel Käfer für die erfolgreiche Kooperation in zahlreichen Projekten dieser Arbeit.

Dr. Chris Schwalb und Gerson Mette für die erfolgreiche Kooperation im Projekt Perfluoropentacen auf Ag(111) sowie die kollegiale Zusammenarbeit.

Peter Osswald und der mechanischen Werkstatt des Fachbereichs für Physik in Marburg für die sehr gute Unterstützung bei Um- und Neubauten an den Apparaturen sowie für die zahlreichen Anregungen zur Verbesserungen der experimentellen Aufbauten.

Außerdem danke ich der Bochumer und der Marburger Arbeitsgruppe für viele gemeinsame Stunden im und neben dem Laboralltag.

Dr. Matthias Born, Carsten Schindler und dem $\overline{\text{E}\Phi\text{MR}}$-Team für die zahlreichen durchgeführten Reparaturen an diversen Netzteilen.

Den technische Mitarbeitern T. Wasmuth und R. Krause des Lehrstuhls für Physikalische Chemie I der Ruhr-Universität Bochum für ihre tatkräftige Unterstützung bei der technischen Realisierung zahlreicher experimenteller Aufbauten sowie Reparaturen.

Meinem Vater für die Unterstützung des Studiums, seinem großes Interesse an dieser Arbeit und dem häufigen interdisziplinärwissenschaftlichen Austausch.

Meinen Schwestern für das Korrekturlesen dieser Arbeit.

Meiner Oma für ihre häufige Unterstützung beim Managen der alltäglichen Sekundärversorgung.

# i want morebooks!

Buy your books fast and straightforward online - at one of world's fastest growing online book stores! Environmentally sound due to Print-on-Demand technologies.

## Buy your books online at
## www.get-morebooks.com

Kaufen Sie Ihre Bücher schnell und unkompliziert online – auf einer der am schnellsten wachsenden Buchhandelsplattformen weltweit! Dank Print-On-Demand umwelt- und ressourcenschonend produziert.

## Bücher schneller online kaufen
## www.morebooks.de

VDM Verlagsservicegesellschaft mbH
Heinrich-Böcking-Str. 6-8    Telefon: +49 681 3720 174    info@vdm-vsg.de
D - 66121 Saarbrücken        Telefax: +49 681 3720 1749   www.vdm-vsg.de

Printed by Books on Demand GmbH, Norderstedt / Germany